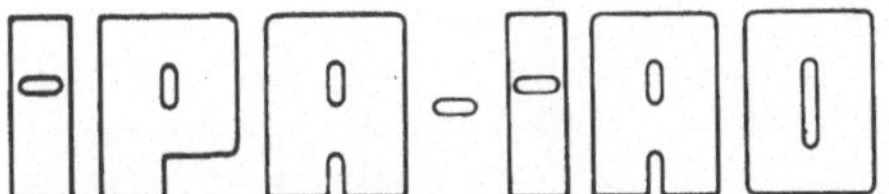

Forschung und Praxis

Band 132

Berichte aus dem
Fraunhofer-Institut für Produktionstechnik
und Automatisierung (IPA), Stuttgart,
Fraunhofer-Institut für Arbeitswirtschaft
und Organisation (IAO), Stuttgart, und
Institut für Industrielle Fertigung und
Fabrikbetrieb der Universität Stuttgart

Herausgeber: H. J. Warnecke und H.-J. Bullinger

Ludwig Traut

Ergonomische Gestaltung der Benutzerschnittstelle am Antriebssystem des Greifreifenrollstuhls

Mit 127 Abbildungen

Springer-Verlag
Berlin Heidelberg New York
London Paris Tokyo 1989

Dipl.-Wirtsch.-Ing. Ludwig Traut

Fraunhofer-Institut für Arbeitswirtschaft und Organisation (IAO), Stuttgart

Dr.-Ing. H. J. Warnecke

o. Professor an der Universität Stuttgart
Fraunhofer-Institut für Produktionstechnik und Automatisierung (IPA), Stuttgart

Dr.-Ing. habil. H.-J. Bullinger

o. Professor an der Universität Stuttgart
Fraunhofer-Institut für Arbeitswirtschaft und Organisation (IAO), Stuttgart

D 93

ISBN-13:978-3-540-50877-9   e-ISBN-13:978-3-642-83736-4
DOI: 10.1007/978-3-642-83736-4

Geleitwort der Herausgeber

Futuristische Bilder werden heute entworfen:

o Roboter bauen Roboter,

o Breitbandinformationssysteme transferieren riesige Datenmengen in
  Sekunden um die ganze Welt.

Von der "menschenleeren Fabrik" wird da gesprochen und vom "papierlo-
sen Büro". Wörtlich genommen muß man beides als Utopie bezeichnen,
aber der Entwicklungstrend geht sicher zur "automatischen Fertigung"
und zum "rechnerunterstützten Büro". Forschung bedarf der Perspektive,
Forschung benötigt aber auch die Rückkopplung zur Praxis - insbesondere im Bereich der Produktionstechnik und der Arbeitswissenschaft.

Für eine Industriegesellschaft hat die Produktionstechnik eine Schlüs-
selstellung. Mechanisierung und Automatisierung haben es uns in den
letzten Jahren erlaubt, die Produktivität unserer Wirtschaft ständig
zu verbessern. In der Vergangenheit stand dabei die Leistungssteigerung
einzelner Maschinen und Verfahren im Vordergrund. Heute wissen wir, daß
wir das Zusammenspiel der verschiedenen Unternehmensbereiche stärker
beachten müssen. In der Fertigung selbst konzipieren wir flexible Fertigungssysteme, die viele verkettete Einzelmaschinen beinhalten. Dort,
wo es Produkt und Produktionsprogramm zulassen, denken wir intensiv
über die Verknüpfung von Konstruktion, Arbeitsvorbereitung, Fertigung
und Qualitätskontrolle nach. Rechnerunterstützte Informationssysteme
helfen dabei und sollen zum CIM (Computer Integrated Manufacturing)
führen und CAD (Computer Aided Design) und CAM (Computer Aided Manufacturing) vereinen. Auch die Büroarbeit wird neu durchdacht und mit
Hilfe vernetzter Computersysteme teilweise automatisiert und mit den
anderen Unternehmensfunktionen verbunden. Information ist zu einem
Produktionsfaktor geworden, und die Art und Weise, wie man damit umgeht,
wird mit über den Unternehmenserfolg entscheiden.

Der Erfolg in unseren Unternehmen hängt auch in der Zukunft entschei-
dend von den dort arbeitenden Menschen ab. Rationalisierung und Automatisierung müssen deshalb im Zusammenhang mit Fragen der Arbeitsgestaltung betrieben werden, unter Berücksichtigung der Bedürfnisse der Mitarbeiter und unter Beachtung der erforderlichen Qualifikationen. Investitionen in Maschinen und Anlagen müssen deshalb in der Produktion wie
im Büro durch Investitionen in die Qualifikation der Mitarbeiter be-
gleitet werden. Bereits im Planungsstadium müssen Technik, Organisation
und Soziales integrativ betrachtet und mit gleichrangigen Gestaltungs-
zielen belegt werden.

Von wissenschaftlicher Seite muß dieses Bemühen durch die Entwicklung
von Methoden und Vorgehensweisen zur systematischen Analyse und Verbesserung des Systems Produktionsbetrieb einschließlich der erforderlichen Dienstleistungsfunktionen unterstützt werden. Die Ingenieure
sind hier gefordert, in enger Zusammenarbeit mit anderen Disziplinen,
z. B. der Informatik, der Wirtschaftswissenschaften und der Arbeitswissenschaft, Lösungen zu erarbeiten, die den veränderten Randbedingungen
Rechnung tragen.

Beispielhaft sei hier an den großen Bereich der Informationsverarbei-
tung im Betrieb erinnert, der von der Angebotserstellung über Konstruktion und Arbeitsvorbereitung, bis hin zur Fertigungssteuerung und Qualitätskontrolle reicht. Beim Materialfluß geht es um die richtige Aus-

wahl und den Einsatz von Fördermitteln sowie Anordnung und Ausstattung
von Lagern. Große Aufmerksamkeit wird in nächster Zukunft auch der
weiteren Automatisierung der Handhabung von Werkstücken und Werkzeu-
gen sowie der Montage von Produkten geschenkt werden.

Von der Forschung muß in diesem Zusammenhang ein Beitrag zum Einsatz
fortschrittlicher intelligenter Computersysteme erfolgen. Planungs-
prozesse müssen durch Softwaresysteme unterstützt und Arbeitsbedingungen wissenschaftlich analysiert und neu gestaltet werden.

Die von den Herausgebern geleiteten Institute, das

- Institut für Industrielle Fertigung und Fabrikbetrieb der Universität
  Stuttgart (IFF),

- Fraunhofer-Institut für Produktionstechnik und Automatisierung (IPA),

- Fraunhofer-Institut für Arbeitswirtschaft und Organisation (IAO)

arbeiten in grundlegender und angewandter Forschung intensiv an den
oben aufgezeigten Entwicklungen mit. Die Ausstattung der Labors und
die Qualifikation der Mitarbeiter haben bereits in der Vergangenheit
zu Forschungsergebnissen geführt, die für die Praxis von großem
Wert waren. Zur Umsetzung gewonnener Erkenntnisse wird die Schriftenreihe "IPA-IAO - Forschung und Praxis" herausgegeben. Der vorliegende
Band setzt diese Reihe fort. Eine Übersicht über bisher erschienene
Titel wird am Schluß dieses Buches gegeben.

Dem Verfasser sei für die geleistete Arbeit gedankt, dem Springer-
Verlag für die Aufnahme dieser Schriftenreihe in seine Angebotspa-
lette und der Druckerei für saubere und zügige Ausführung. Möge das
Buch von der Fachwelt gut aufgenommen werden.

                                H. J. Warnecke · H.-J. Bullinger

<u>VORWORT</u>

Der Rollstuhl ist ein unentbehrliches Hilfsmittel bei der Rehabilitation von Menschen ohne oder mit eingeschränkter Gehfunktion. Das Dilemma seiner benutzer- und nutzungsgerechten Gestaltung ist durch den Zielkonflikt zwischen den vielfältigen, sich zumeist gegenseitig ausschließenden oder zumindest beeinträchtigenden Anforderungen nach bestmöglicher Erfüllung der Fahr-, Sitz-, Transport-, Verstau-, Klapp- und Zerlegfunktion gegeben. Die vorliegende Arbeit strebt vor diesem Hintergrund eine Verbesserung des Antriebssystems am Rollstuhl unter Berücksichtigung der Eigenschaften und Fähigkeiten der Rollstuhlbenutzer an. Es ist zu wünschen, daß die gewonnenen Erkenntnisse Eingang in den Rollstuhlbau und die Rollstuhlversorgung finden werden.

Die vorliegende Arbeit entstand während meiner Tätigkeit als wissenschaftlicher Mitarbeiter am Institut für Industrielle Fertigung und Fabrikbetrieb der Universität Stuttgart und am Fraunhofer-Institut für Arbeitswirtschaft und Organisation, Stuttgart. Ihr lag ein Forschungs- und Entwicklungsvorhaben mit der Werkstatt für Körperbehinderte GmbH, München, zugrunde, der ich für die fruchtbare Zusammenarbeit herzlich danke. Das gemeinsame Vorhaben wurde durch die finanzielle Förderung der Stiftung für Bildung und Behindertenförderung GmbH ermöglicht.

Herrn Prof. Dr.-Ing. habil. H.-J. Bullinger, Inhaber des Lehrstuhls für Arbeitswissenschaft an der Universität Stuttgart und Leiter des Fraunhofer-Instituts für Arbeitswirtschaft und Organisation, Stuttgart, gilt für die Überlassung des Themas, die wissenschaftliche Anleitung bei der Bearbeitung und die wohlwollende Förderung der Arbeit mein herzlicher Dank. Herrn Prof. Dr.-Ing. K. Landau, Leiter des Fachgebietes Arbeitswissenschaft und Haushaltstechnologie am Institut für Haushalts- und Konsumökonomik der Universität Hohenheim danke ich für die eingehende Durchsicht der Arbeit und seine wertvollen Anregungen.

Meinen Kollegen danke ich für ihre kritischen Hinweise und stete Diskussionsbereitschaft, insbesondere Herrn Dr.-Ing. P. Kern,

Herrn Dipl.-Wirtsch.-Ing. D. Lorenz und Herrn Dr.-Ing. W. Muntzinger. Darüber hinaus sei all jenen gedankt, die an der Planung, Durchführung und Auswertung der experimentellen Untersuchungen sowie der Erstellung des Manuskriptes beteiligt waren.

Mein Dank gilt auch meiner Frau Eliane und meinen Kindern Rebecca und Yannick für ihr Verständnis und ihre geduldige Unterstützung. Das Buch widme ich meinen Eltern Elisabeth und Xaver.

Stuttgart, November 1988   Ludwig Traut

INHALTSVERZEICHNIS

Formelzeichen und Abkürzungen

Zeichen	Einheit	Bedeutung
A		Antriebsachse des GRRS
AEUM	kJ/min	Arbeitsenergieumsatzmittelwert
$AEUM_{MA}$	kJ/min	Anteil des Arbeitsenergieumsatzmittelwertes, der auf die Manipulationsarbeit zurückzuführen ist
APFM	min^{-1}	Arbeitspulsfrequenzmittelwert
a	m/s^2	Beschleunigung des RS-Gesamtsystems
a^F	m/s^2	Beschleunigung des Fingergrundgelenks
B		Schnittpunkt von Sitzfläche und Rückenlehne am GRRS (Sitzreferenzpunkt)
b	mm	Abstand des GR-Querschnittmittelpunkts zur Antriebsradfelge
c	mm	Abstand des GR-Querschnittmittelpunkts zum RS-Sitz
D	m, mm	Durchmesser des GR
D^A	m, mm	Durchmesser des Antriebsrades
D^L	m	Durchmesser des Schwenkrades
d	mm	Durchmesser des GR-Querschnitts
$\bar{E}_k$	J	Kinetische Energie des RS-Gesamtsystems; Mittelwert im Hub
EPS		Erholungspulssumme
F_A ($\bar{F}_A$)	N	Antriebskraft am GR (Mittelwert im Hub)
F_{AW} ($\bar{F}_{AW}$)	N	Antriebswiderstand des RS-Gesamtsystems am Antriebsrad (Mittelwert im Hub)
F_{AW}^G ($\bar{F}_{AW}^G$)	N	Antriebswiderstand des RS-Gesamtsystems am GR (Mittelwert im Hub)
$\bar{F}_{A,KH}$	N	Mittlere Antriebskraft am GR im Krafthub
$F_{A,MAX}$	N	Maximale Antriebskraft am GR im Hub
F_{Ba}	N	Betätigungskraft am GR; Axialkomponente
F_{Bk}	N	Betätigungskraft am GR; Resultierende der Axial- und Radialkomponente
F_{Br}	N	Betätigungskraft am GR; Radialkomponente
F_E	N	Bremskraft am GR

F_F^A	N	Kraft der Gleitreibung zwischen Antriebsrad und Fahrbahn
F_F^L	N	Kraft der Gleitreibung zwischen Schwenkrad und Fahrbahn
F_L^A	N	Lagerreibungswiderstand des Antriebsrades
F_L^L	N	Lagerreibungswiderstand des Schwenkrades
F_{La}	N	Lagerreibungswiderstand des RS-Gesamtsystems am Antriebsrad
F_N	N	Normalkraft des RS-Gesamtsystems
F_N^A	N	Normalkraft am Antriebsrad
F_N^L	N	Normalkraft am Schwenkrad
F_R^A	N	Rollwiderstand des Antriebsrades
F_R^L	N	Rollwiderstand des Schwenkrades
F_{Ro}	N	Rollwiderstand des RS-Gesamtsystems am Antriebsrad
F_S	N	Steigungswiderstand des RS-Gesamtsystems am Antriebsrad
F_{SCH}^L	N	Schubkraft am Schwenkrad
F_{St}	N	Reaktionskraft der Antriebskraft F_A als Stützkraft des RS-Benutzers am RS-Sitz
F_T^A	N	Trägheitswiderstand der rotatorischen Bewegung des Antriebsrades
F_T^G	N	Trägheitswiderstand der rotatorischen Bewegung des GR
F_T^L	N	Trägheitswiderstand der rotatorischen Bewegung des Schwenkrades
F_T^Q	N	Trägheitswiderstand der translatorischen Bewegung des RS-Gesamtsystems
F_{Tr} $(\bar{F}_{Tr})$	N	Trägheitswiderstand des RS-Gesamtsystems am Antriebsrad (Mittelwert im Hub)
F_{Tr}^G $(\bar{F}_{Tr}^G)$	N	Trägheitswiderstand des RS-Gesamtsystems am GR (Mittelwert am Hub)
F_W $(\bar{F}_W)$	N	Fahrwiderstand des RS-Gesamtsystems am Antriebsrad (Mittelwert im Hub)
F_W^G $(\bar{F}_W^G)$	N	Fahrwiderstand des RS-Gesamtsystems am GR (Mittelwert im Hub)
f	mm	Hebelarm der rollenden Reibung des RS-Gesamtsystems nach Bennedik u.a. /2/

f_H	min^{-1}, s^{-1}	Hubfrequenz beim Antreiben des GRRS
f^A	m	Hebelarm der rollenden Reibung des Antriebsrads
f^L	m	Hebelarm der rollenden Reibung des Schwenkrads
G	N	Gewichtskraft des RS-Gesamtsystems
GR		Greifreifen
GRRS		Greifreifenrollstuhl mit hinten angeordneten Antriebsrädern
i		Laufindex zur Kennzeichnung des Hubes
i_d		Übersetzung aufgrund des Durchmesserverhältnisses von GR und Antriebsrad
i_J		Übersetzung der Schwungscheibe am RS-Simulator
i_v		Gesamtübersetzung am GRRS
i_ω		Übersetzung aufgrund des Winkelgeschwindigkeitsverhältnisses von GR und Antriebsrad
J^A	kgm^2	Massenträgheitsmoment der Antriebsräder
J^G	kgm^2	Massenträgheitsmoment der GR
J^L	kgm^2	Massenträgheitsmoment der Schwenkräder
J^S	kgm^2	Massenträgheitsmoment des RS-Simulators
K	N/mm	Kennzahl der rollenden Reibung des RS-Gesamtsystems nach Bennedik u.a. /2/
L_H	m	Hublänge am GR
L_{KH}	m	Krafthublänge am GR
L_{LH}	m	Leerhublänge am GR
L_x	mm	Frontallage des GR
L_y	mm	Seitenlage des GR
L_z	mm	Höhenlage des GR
l_1	m	Vertikaler Abstand zwischen dem Schwerpunkt des RS-Gesamtsystems und der Antriebsachse
l_2	m	Vertikaler Abstand zwischen dem Angriffspunkt der F_{St} am RS-Sitz und der Antriebsachse
l_3	m	Horizontaler Abstand zwischen dem Schwerpunkt des RS-Gesamtsystems und der Antriebsachse
M_A ($\bar{M}_A$)	Nm	Antriebsmoment am GR (Mittelwert im Hub)
M_A^S	Nm	Antriebsmoment am Simulator-GR

$\bar{M}_{A,KH}$	Nm	Mittleres Antriebsmoment am GR im Krafthub
$M_{A,MAX}$	Nm	Maximales Antriebsmoment am GR im Hub
M_B^S	Nm	Bremsmoment der Bremse am RS-Simulator
M_L^A	Nm	Lagerreibungswiderstandsmoment des Antriebs-rades
M_L^L	Nm	Lagerreibungswiderstandsmoment des Schwenk-rades
M_M^S	Nm	Meßmoment der Meßwelle am RS-Simulator
M_R^A	Nm	Rollwiderstandsmoment des Antriebsrades
M_R^L	Nm	Rollwiderstandsmoment des Schwenkrades
M_T^A	Nm	Trägheitswiderstandsmoment der rotatorischen Bewegung des Antriebsrades
M_T^G	Nm	Trägheitswiderstandsmoment der rotatorischen Bewegung des GR
M_T^L	Nm	Trägheitswiderstandsmoment der rotatorischen Bewegung des Schwenkrades
M_T^S	Nm	Trägheitswiderstandsmoment am Simulator-GR
M_V^S	Nm	Reibungsverlustmoment des RS-Simulators
$\bar{M}_W^S$	Nm	Fahrwiderstandsmoment am Simulator-GR; Mittelwert im Hub
m	kg	Masse des RS-Gesamtsystems
n		Anzahl der Versuchspersonen (Befragten)
P $(\bar{P})$	W	Antriebsleistung (Mittelwert im Hub)
P_k		GR-Punkt, an dem die Hand am GR koppelt
P_l		GR-Punkt, an dem die Hand vom GR entkoppelt
p		Statistische Signifikanz
Q		Schwerpunkt des RS-Gesamtsystems
q	mm	Querschnittmaß
$R_{A,KH}$		Relative Höhe des $\bar{M}_{A,KH}$ (der $\bar{F}_{A,KH}$)
$R_{A,MAX}$		Relative Lage des $M_{A,MAX}$ (der $F_{A,MAX}$)
R_{KH}		Relative Länge des Krafthubes
RS		Rollstuhl
r_n		Nichtlinearer Korrelationskoeffizient
r_s		Spearman'scher Rangkorrelationskoeffizient
T	mm	Tiefe der RS-Sitzfläche
t	s, min	Zeit
t_H	s, min	Hubdauer

u		Anzahl der bei der Berechnung der mechanischen Aktivitätsgrößen berücksichtigten Hübe
$\overset{o}{V}_{O_2\,max}$	l/min	Maximales Sauerstoffaufnahmevermögen
$v\ (\bar{v})$	m/s	Fahrgeschwindigkeit des RS-Gesamtsystems (Mittelwert im Hub)
v^F	m/s	Geschwindigkeit des Fingergrundgelenks
$v^G\ (\bar{v}^G)$	m/s	Umfangsgeschwindigkeit am GR (Mittelwert im Hub)
W_H	J	Arbeit je Hub
W_{150}	W	Physical Working Capacity; Leistung bei einer Pulsfrequenz von 150 je Minute
x,y,z x',y',z'		Kartesische Koordinatensysteme
β	(°)	Fahrbahnlängsneigung
γ	(°)	Schwenkung der GR
δ	(°)	Neigung der RS-Sitzfläche
η_N	%	Physiologischer Nettowirkungsgrad
μ^A		Koeffizient der Gleitreibung zwischen Antriebsrad und Fahrbahn
τ	(°)	Neigung der RS-Rückenlehne
$\Delta\varphi_H$	rad	Drehwinkel am GR im Hub
$\Delta\varphi_{KH}$	rad	Drehwinkel am GR im Krafthub
$\Delta\varphi'_{KH}$	rad	Drehwinkel am GR von Krafthubbeginn bis $M_{A,MAX}\ (F_{A,MAX})$
$\Delta\varphi_{LH}$	rad	Drehwinkel am GR im Leerhub
φ^S	rad	Drehwinkel am Simulator-GR
φ^S_{DIFF}	rad	Drehwinkelfehler am Simulator-GR
ω	s^{-1}	Winkelgeschwindigkeit des Antriebsrades
$\omega^G\ (\bar{\omega}^G)$	s^{-1}	Winkelgeschwindigkeit des GR (Mittelwert im Hub)
$\bar{\omega}^S$	s^{-1}	Winkelgeschwindigkeit des Simulator-GR; Mittelwert im Hub
ω^S_M	s^{-1}	Winkelgeschwindigkeit des Motors am RS-Simulator
*		Statistische Irrtumswahrscheinlichkeit von 5%
**		Statistische Irrtumswahrscheinlichkeit von 1%
***		Statistische Irrtumswahrscheinlichkeit von 0,1%

1 <u>EINLEITUNG</u>

Die DIN-Norm 13 240 /26/ beschreibt den Rollstuhl (RS) als Fort-
bewegungsmittel für Personen, deren Gehfähigkeit eingeschränkt
ist. Er ist ein technisch-orthopädisches Hilfsmittel, das die
Leistungsminderung der unteren Extremitäten kompensiert und damit
die Mobilität der Menschen ohne oder mit eingeschränkter Gehfunktion gewährleistet. Die Mobilität aber ist eine Voraussetzung für
die soziale und berufliche Eingliederung des Körperbehinderten in
die Gesellschaft.

Ein Exkurs in die Geschichte zeigt, daß der RS-Bau seine Wurzeln
in den rollenden Gehhilfen hat, die seit dem Mittelalter histo-
risch belegbar sind (vgl. Simon /98/). Der RS spiegelte bis ins
19. Jahrhundert den jeweiligen technischen Entwicklungsstand wi-
der und lehnte sich dabei in seiner äußeren Erscheinungsform den
gebräuchlichen Stilelementen der Sitzmöbel an (vgl. Kamenetz
/53/). Seit der Jahrhundertwende werden motorbetriebene RS eingesetzt, und der handbetriebene RS wurde zum Selbstfahrer mit He-
bel- oder Kurbelantrieb weiterentwickelt (vgl. Simon /98/). Diese
innovative Phase der RS-Entwicklung im 20. Jahrhundert fand in
den 40er Jahren mit dem faltbaren Greifreifenrollstuhl (GRRS) von
Everest und Jennings seinen Abschluß. Beim Bau handbetriebener RS
werden seither zwar verstärkt die behinderungsspezifischen Bedürfnisse der RS-Benutzer berücksichtigt, was sich in einer Vielzahl von Typen und flexiblen Baukastensystemen zur RS-Versorgung
äußert, jedoch wird bis in die Gegenwart auf die bekannten, weitgehend einheitlichen technischen Konzepte zurückgegriffen. Neue
Impulse erhielt die RS-Entwicklung in den 70er Jahren durch die
Initiative von RS-Benutzern, die mit der Umsetzung von Erfahrungen aus dem RS-Sport die Manövrierfähigkeit und Handhabbarkeit
des GRRS verbesserten.

Die, im Vergleich mit dem sonstigen Fahrzeugbau, geringen technischen Fortschritte bei der RS-Entwicklung sind primär auf den
Zielkonflikt zwischen den vielfältigen, sich zumeist gegenseitig
ausschließenden oder zumindest beeinträchtigenden Anforderungen
an den RS zurückzuführen. Dieses Dilemma der RS-Entwicklung ver-

hindert innovative Lösungen für isolierte Gestaltungsbereiche, wenn mit ihnen tangierende Anforderungen beeinträchtigt werden.

In der Bundesrepublik Deutschland kamen im Jahr 1987 ca. 50 Tsd. handbetriebene RS in den Handel. Bei einer Nutzungsdauer von durchschnittlich fünf Jahren ergibt sich ein Bestand von 250 Tsd. RS. Der Grund für die seit Jahren konstante Nachfrage wird darin gesehen, daß zwar aufgrund erfolgreicher Bemühungen der Medizin die RS-Versorgung bei gewissen Krankheiten vermieden oder verzögert werden kann, jedoch durch intensivierte Rehabilitationsbemühungen und zunehmende RS-Versorgung bei altersbedingten Erkrankungen ein zusätzlicher Bedarf entsteht.

Unter den handbetriebenen RS hat der GRRS mit einem Anteil von 85 % (vgl. Munaf /84/) die weitaus größte Verbreitung gefunden. Sein technisches Konzept ermöglicht durch geringes Gewicht, kleine Außenabmessungen und Faltbarkeit eine einfache Handhabung; vor allem weist er aufgrund seines einfachen Antriebssystems gegenüber alternativen RS die besten Fahreigenschaften auf. Diesen Vorteilen steht eine unzureichende Erfüllung der Sitzfunktion und eine hohe körperliche Beanspruchung des RS-Benutzers beim Antreiben und Bremsen gegenüber. Die hohe Beanspruchung schränkt die Nutzungsmöglichkeiten des GRRS insbesondere im Freien erheblich ein, wobei zu berücksichtigen ist, daß bei dem RS-Benutzerkollektiv gegenüber der Gesamtbevölkerung im Durchschnitt von einer deutlich geringeren körperlichen Leistungsfähigkeit auszugehen ist. Vor diesem Hintergrund greift die vorliegende Untersuchung bewußt den GRRS als Gestaltungsgegenstand auf und strebt bei der ergonomischen Gestaltung seines Antriebssystems einen Beitrag zur Überwindung des aufgezeigten Dilemmas der RS-Entwicklung an.

2 AUFGABENSTELLUNG, ZIELSETZUNG UND VORGEHENSWEISE

Aufgabe der vorliegenden Untersuchung ist die ergonomische Gestaltung konstruktiver Parameter des Antriebssystems am GRRS. Dabei wird durch die Berücksichtigung der Gestaltungsbereiche

o Verlauf des GR,
o Übersetzung und
o Handseite des GR

(s. Abschn. 4.1.1), unter der Prämisse eines gegebenen Antriebswiderstandes, eine umfassende Betrachtung aller ergonomisch relevanten Gestaltungsparameter angestrebt.

Bei der Untersuchung werden die komplementären Ziele

o Senkung der Beanspruchung des RS-Benutzers und
o Erhöhung der Leistung des Mensch-RS-Systems

verfolgt. Mit dieser Zielsetzung wird eine Erhöhung der Mobilität des RS-Benutzers, insbesondere eine Ausweitung der RS-Nutzung auf zusätzliche Anwendungsbereiche, bezweckt und damit letztlich die Rehabilitation des RS-Benutzers unterstützt. Die Untersuchungsziele werden unter folgenden Randbedingungen verfolgt:

o Wahrung der Gesundheit und des Wohlbefindens des RS-Benutzers
o Berücksichtigung behinderungsspezifischer Bedürfnisse und individueller Wünsche des RS-Benutzers
o Keine Beeinträchtigung zentraler RS-Funktionen, wie Sitzen, Fahren, Transportieren und Aufbewahren sowie Falten, Zerlegen und Anpassen.

Dieser Arbeit liegt ein Forschungsvorhaben zugrunde, bei dem zur Bearbeitung der genannten Aufgabenstellung die Vorgehensweise in Bild 1 eingehalten wurde. Mit der Analyse des Arbeitssystems Mensch-RS in Kap. 3 wird die notwendige Daten- und Wissensbasis zur Entwicklung gestalterischer Lösungen und zur Planung der experimentellen Untersuchungen geschaffen sowie die Abgrenzung der

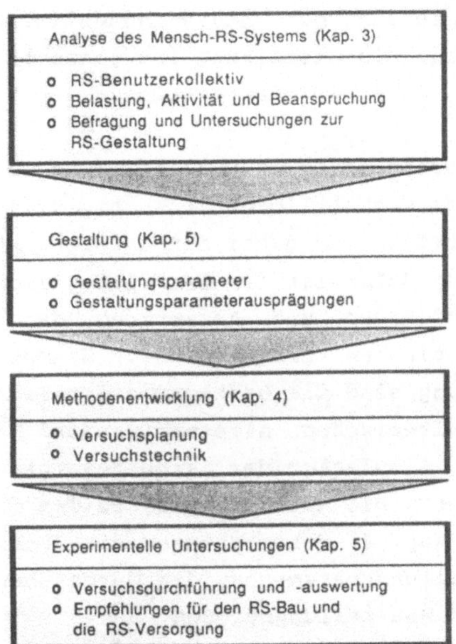

Bild 1: Vorgehensweise bei der ergonomischen Gestaltung des Antriebssystems am GRRS

Untersuchungs- und Gestaltungsaufgabe ermöglicht. Nach einer
kurzgefaßten Charakterisierung des RS-Benutzerkollektivs wird mit
der Beschreibung der RS-Nutzung und seines Aufbaus sowie der Arbeitsaufgabe die Belastungssituation beim Fahren mit dem GRRS umrissen. Die Aktivität des RS-Benutzers wird durch eine mechanische und physiologische Betrachtung der Arbeitsbewegung analysiert und daraus die Beanspruchung abgeleitet. Die Belastungs-,
Aktivitäts- und Beanspruchungsanalyse wird durch eine umfangrei-
che Befragung von RS-Benutzern und -Experten zur RS-Gestaltung
ergänzt. Daneben werden die zurückliegenden Untersuchungen zur
ergonomischen Gestaltung des RS zusammengestellt und diskutiert.

Mit den Erkenntnissen der Analyse werden die Gestaltungsparameter
festgelegt und für diese alternative Ausprägungen entwickelt, die
im Rahmen von Laborexperimenten zu untersuchen sind. Die Gestaltungsalternativen werden von Arbeitshypothesen abgeleitet, die,

ausgehend von den bei der Analyse lokalisierten Beanspruchungsengpässen, die Umsetzung der Untersuchungszielsetzung bei der Gestaltung aufzeigen. Die Gestaltung ist zusammen mit den Untersuchungsergebnissen in Kap. 5 dargestellt.

Aufgabe der Versuchsplanung in Kap. 4 ist es, die primären Güte-
kriterien des wissenschaftlichen Versuchs, Validität und Reliabilität, sicherzustellen und dabei den Versuchsaufwand zu minimie-
ren. Voraussetzung dafür ist die Erstellung eines Plans zur Vorbereitung, Durchführung und Auswertung der Versuche auf der
Grundlage statistischer Erkenntnisse. Wesentliche Bestandteile
der Versuchsplanung sind die Bestimmung der Indikatoren zur Beurteilung der gestalterischen Alternativen und die Festlegung der
Testaufgaben zur Simulation der Arbeitsaufgabe beim Fahren mit
dem GRRS im Labor. Die Ausführungen zu den versuchstechnischen
Entwicklungen in Kap. 4 dokumentieren die Einrichtungen zur Variation der Gestaltungsparameter, die Durchführung der Tests und
die Erfassung der Beurteilungsgrößen.

Neben der Gestaltung sind in Kap. 5 die experimentellen Untersuchungen erläutert und die Versuchsergebnisse zusammengestellt.
Anhand der Versuchsergebnisse werden für den RS-Bau und die RS-
Versorgung praktische Empfehlungen zur ergonomischen Gestaltung
des Antriebssystems am GRRS abgeleitet.

Ergänzend zu den ergonomischen Untersuchungen entwickelt und er-
probt ein Forschungspartner technische Alternativen zur Falt-,
Zerleg- und Anpaßfunktion sowie zur Gewichtsreduzierung am GRRS.
Die Ergebnisse der Forschungskooperation fließen in den RS-Bau
eines Herstellers ein.

3 DAS ARBEITSSYSTEM MENSCH-ROLLSTUHL; CHARAKTERISTIK UND WISSENSSTAND

Zur Analyse des Mensch-RS-Systems wird das vorliegende Schrifttum herangezogen und durch eigene Erhebungen ergänzt. Um den Analyseaufwand zu begrenzen, wird, ausgehend von der Zielsetzung in Kap. 2, die Betrachtung sukzessive auf den Gegenstandsbereich der Untersuchung eingeschränkt.

3.1 Rollstuhlbenutzer

Die Analyse des Mensch-RS-Systems macht eine Beschreibung des RS-Benutzerkollektivs erforderlich, wobei die Unterschiede zu den Nichtbehinderten die besonderen Anforderungen einer ergonomischen Gestaltung für Behinderte umreißen. Den weiteren Ausführungen zum RS-Benutzerkollektiv werden für die Begriffe Schädigung, Leistungsminderung und Behinderung die Definitionen der Weltgesundheitsorganisation /123/ zugrundegelegt (s. Anhang 8.1.1, Bild A1).

Die demographischen Daten zum RS-Benutzerkollektiv sind, da keine Voll- oder Repräsentativerhebungen vorliegen, unvollständig und widersprüchlich. Lesser /67/ stellte die Erhebungsergebnisse und Schätzungen unterschiedlicher Autoren zusammen. Danach kann davon ausgegangen werden, daß der Anteil der RS-Benutzer an der Gesamtbevölkerung in den Industrieländern bei ca. 0,3 % liegt. Das entspricht in der Bundesrepublik Deutschland, bezogen auf die Gesamtbevölkerung im Jahre 1986 (vgl. Statistisches Bundesamt /110/), einer Anzahl von ca. 183 Tsd. RS-Benutzern, wobei keine Aussage über die Dauer der RS-Nutzung möglich ist.

Die Altersverteilung der RS-Benutzer weist einen überproportional hohen Anteil alter Menschen aus. Während der Anteil der über 65-jährigen an der Gesamtbevölkerung der Bundesrepublik Deutschland im Jahre 1986 15 % betrug (vgl. Statistisches Bundesamt /110/), ergab die Erhebung von Seifert u.a. /96/, bei der 1504 RS-Benutzer berücksichtigt wurden, für diese Altersgruppe einen Anteil von 55 %. Dieses Ergebnis deutet darauf hin, daß ein Großteil der Indikationen zur RS-Versorgung auf altersbedingte Krankheitsbilder zurückzuführen ist.

Die vorliegenden Erhebungsergebnisse zur Geschlechtsverteilung zeigen einen Frauenanteil zwischen 53 % und 66 % (nach Lesser /67/). Dies kann auf den höheren Anteil der Frauen an der Gesamtbevölkerung, insbesondere in den höheren Altersgruppen, zurückgeführt werden. In der Altersgruppe über 65 Jahre betrug im Jahre 1986 der Frauenanteil an der Gesamtbevölkerung der Bundesrepublik Deutschland 66 % (vgl. Statistisches Bundesamt /110/).

Bei der Beschreibung des RS-Benutzerkollektivs kommt im Hinblick auf eine ergonomische Gestaltung des Antriebssystems am RS der Leistungsminderung bzw. -fähigkeit eine zentrale Bedeutung zu. Dazu liegen jedoch, wie auch zur Verteilung der Schädigung, keine repräsentativen Daten vor. Nur bedingt kann von den vorliegenden Erhebungen zur Ätiologie auf die Schädigung oder gar auf die Leistungsminderung von RS-Benutzern geschlossen werden. Aufgrund unterschiedlicher Gruppierungen der medizinischen Diagnosen und stark divergierender Angaben zu deren Verteilung ergeben diese Erhebungen zudem ein stark uneinheitliches Bild (vgl. Blohmke u.a. /5/, Simon /99/, McLaurin /76/, Paulsson /87/, Seifert u.a. /96/, Boenick /6/). Die Erhebungsergebnisse von Seifert u.a. /96/ zur medizinischen Diagnose bei der RS-Versorgung, die sich auf eine Dokumentenanalyse stützen und deshalb als besonders aussagekräftig angesehen werden dürfen, sind im Anhang 8.1.1, Bild A2 zusammengestellt.

Untersuchungen zur körperlichen Leistungsfähigkeit von RS-Benutzern wurden lediglich mit kleinen, nicht repräsentativen Probandengruppen durchgeführt (vgl. Lewin u.a. /69/, Gass u.a. /37,38/, Lundberg /72/, Stamp u.a. /105/, Sawka u.a. /93/, Hutzler /49/), wobei in der Regel ausschließlich die kardiopulmonale Leistungsfähigkeit berücksichtigt wurde. Sie ergaben bei sportlich aktiven RS-Benutzerkollektiven keine Unterschiede zur Leistungsfähigkeit von Nichtbehinderten. Dennoch ist aufgrund dieser Studien, der oben angeführten Altersverteilung und den vorliegenden Krankhei-

ten (s. Anhang 8.1.1, Bild A2) bei RS-Benutzern im Durchschnitt
von einer deutlich geringeren körperlichen Leistungsfähigkeit im
Vergleich zu Nichtbehinderten und von einer größeren Streuung
dieses typologischen Merkmals auszugehen. Im Hinblick auf die Gestaltung des Antriebssystems am RS stehen dabei neben der kardiopulmonalen Leistungsfähigkeit die Maximalkräfte und Bewegungsmöglichkeiten des Hand-Arm-Systems im Vordergrund. Lewin u.a. /69/
stellten beim Vergleich der Handschließkraft bei RS-Benutzern gegenüber Nichtbehinderten einen geringeren Mittelwert fest. Bei
der Gegenüberstellung von Körpermaßen und funktionellen anthropometrischen Größen ergaben sich bezüglich der Mittelwerte und
Streuungen ebenfalls Abweichungen (vgl. Lewin u.a. /69/).

Eine behinderungsspezifische RS-Gestaltung und -Versorgung wird
durch eine Klassifikation der Leistungsminderung von RS-Benutzern
erleichtert. Unter den vorliegenden Systemen (vgl. Weltgesundheitsorganisation /123/, Strohkendl /114/) eignet sich für die
ergonomische Gestaltung nur die von Lesser /67/ vorgestellte Systematik zur Beschreibung motorischer Fähigkeiten. Sie berücksichtigt die statischen, kinematischen, dynamischen und energetischen Funktionen sowie Steuerfunktionen von Körperteilen und die
Leistungsfähigkeit zentraler Organsysteme. Zur Beschreibung der
Leistungsminderung der bei den experimentellen Untersuchungen
eingesetzten Versuchspersonen wurde eine verkürzte Fassung des
Klassifikationssystems nach Lesser /67/ eingesetzt (s. Anhang
8.2.3, Bild A17).

Mit der ergonomischen Gestaltung des GR-Antriebs bei der vorliegenden Untersuchung soll insbesondere die Mobilität der RS-Benutzer mit geringer körperlicher Leistungsfähigkeit verbessert werden. Die Betrachtung wird dabei auf Personen ohne Minderung der
Handschließkraft und mit uneingeschränkter Bewegungsmöglichkeit
des Hand-Arm-Systems begrenzt.

3.2 Rollstuhl
3.2.1 Anwendungsbereiche und Funktionen

Der konstruktive Aufbau des RS leitet sich aus mensch- und sachbezogenen Anforderungen ab. Die menschbezogenen Anforderungen ergeben sich aus den Eigenschaften, Fähigkeiten und Bedürfnissen
des RS-Benutzers. Die sachbezogenen Anforderungen hängen insbesondere vom Anwendungsbereich und den Funktionen des RS ab. Bei
einer groben Klassifizierung des Anwendungsbereichs lassen sich

o die Einsatzorte: in Gebäuden, im Freien und in Verkehrsmitteln,
o die Fahrbahneigenschaften: Fahrbahnoberfläche (Rollwiderstand),
   Fahrbahnneigung (Quer- und Längsneigung) und Fahrbahnstufung
   sowie
o die Tätigkeiten des RS-Benutzers: berufliche Tätigkeit, Haus-
   arbeit und Körperhygiene, RS-Fahren, Freizeittätigkeit und
   RS-Sport

unterscheiden. Zur zeitlichen Verteilung der RS-Nutzung in den
Anwendungsbereichen liegen in der Literatur keine Angaben vor.
Bei der im Rahmen der Analyse des Mensch-RS-Systems durchgeführten Befragung (s. Abschn. 3.5) gaben die RS-Benutzer eine durchschnittliche RS-Nutzung von 13,3 Std. pro Tag an. Davon entfallen
ca. 85 % auf den Aufenthalt in Räumen. Verkehrsmittel (Bsp.: Per-
sonenkraftwagen, Behindertentransportfahrzeuge, öffentliche Verkehrsmittel) werden durchschnittlich 10 mal in der Woche benutzt.

Für den RS läßt sich folgende Funktionsstruktur ableiten:

o Sitzen mit Ein- und Aussteigen
o Fahren
o Transportieren und Aufbewahren (Bsp.: Einladen des RS in
   Personenkraftfahrzeuge durch RS-Benutzer)
o Falten, Zerlegen und Anpassen (Bsp.: Beinstützendemontage und
   -längenanpassung)
o Instandhalten (Bsp.: Warten, Reparieren)
o Design (Bsp.: Farb- und Formgebung)
o Zusatzfunktionen (Bsp.: Wetterschutz, Gehhilfenhalterung).

Die Fahrfunktion soll wie folgt weiter unterteilt werden in:

o Geradeaus- und Kurvenfahren
  - Antreiben
  - Bremsen
  - Lenken
o Manövrieren (Bsp.: Rückwärtsfahren, Wenden mit kleinem
  Wendekreis, Befahren von engen Passagen, Drehen um die
  Drehachse)
o Sonderfunktionen (Bsp.: Fahren auf den Antriebsrädern,
  Befahren von Stufen und Treppen sowie starken Steigungs-
  und Gefällstrecken, Sonderfunktionen des RS-Sports).

Die vorliegende Untersuchung schließt die Geradeaus- und Kurvenfahrt sowie das Manövrieren in ihre Betrachtung ein. Bei der Simulation der Fahraufgabe für die experimentellen Untersuchungen
stehen das Antreiben und Bremsen bei der Geradeausfahrt auf der
längsgeneigten Fahrbahn im Vordergrund.

3.2.2 <u>Bauformen und -gruppen</u>

Die kurzgefaßte Beschreibung des konstruktiven Aufbaus des RS
stellt die antriebsrelevanten Merkmale in den Vordergrund. Die
wichtigste Unterscheidung der Bauformen bei handbetriebenen RS
ergibt sich aus dem eingesetzten Antriebsprinzip:

o GR-Antrieb (Antriebsrad hinten oder vorn)
o Hebelantrieb (Kurbelschwingenantrieb, Getriebeantrieb)
o Kurbelantrieb.

Über die Verteilung der Häufigkeit der Antriebsprinzipien liegen
nur unzureichende Angaben vor. Nach Munaf /84/ liegt, wie oben
angeführt, der Anteil des GR-Antriebs bei 85 %. Die verbleibenden
15 % sind im wesentlichen Hebel-RS mit Kurbelschwingenantrieb.
Der Hebel- und insbesondere der Kurbelantrieb sind vor allem für
die Benutzung im Freien geeignet und schränken die Mobilität der
RS-Benutzer in Gebäuden stark ein. Der selten benutzte GR-Antrieb

mit vorn liegenden Antriebsrädern wird für ältere RS-Benutzer empfohlen, die die Hand-GR-Kopplung visuell kontrollieren wollen (vgl. Simon /100/).

Der wichtigste Vorteil des GRRS mit hinten angeordneten Antriebsrädern ist in seinen guten Fahreigenschaften, insbesondere seiner Eignung für das Manövrieren und die Sonderfunktionen, zu sehen. Darüber hinaus ist er den RS mit anderen Antriebsprinzipien in der Funktion Transportieren und Aufbewahren überlegen. Aufgrund geringer Außenabmessungen in gefaltetem und ungefaltetem Zustand, dem geringen Gewicht und einem Antriebssystem, das den RS-Benutzer bei sonstigen Tätigkeiten nur unwesentlich behindert, läßt sich der GRRS in allen RS-Anwendungsbereichen (s. Abschn. 3.2.1) nutzen. Aufgrund dieser Vorteile und der hohen Verbreitung einerseits und der ungünstigen ergonomischen Gestaltung seines Antriebssystems andererseits stellt der GRRS mit hinten angeordneten Antriebsrädern den Gestaltungsgegenstand der vorliegenden Untersuchung dar.

Um den vielfältigen mensch- und sachbezogenen Anforderungen zu entsprechen, werden zur RS-Versorgung mehrere GRRS-Typen, zumeist in Form eines Baukastensystems, angeboten. Bei den Baukastensystemen können folgende zentrale Baugruppen unterschieden werden (s. Anhang 8.1.2.1, Bild A3):

1   Rahmen
2   Sitz (Sitzfläche, Rückenlehne, Beinstütze, Armlehne)
3   Antriebssystem für das Antreiben, Bremsen und Lenken
3.1   Antriebsräder
3.2   Greifreifen
3.3   Schwenkräder
4   Feststellbremse.

Der Rahmen, der nahezu ausnahmslos faltbar ist, stellt die zentrale Baugruppe dar, an der die übrigen Komponenten direkt oder indirekt befestigt sind. Die GRRS lassen folgende anwendungsorientierte Typenunterteilung zu:

o Universal-RS

o Aktiv-RS

o Indoor-RS

o Einsatz- und behinderungsspezifische Sonderbauformen.

Der Universal-RS ist für den Einsatz in Gebäuden und im Freien konzipiert und bietet dem Benutzer eine funktionssichere und kostengünstige Versorgung. Bei der Entwicklung der Aktiv-RS in den letzten zehn Jahren wurden, ausgehend vom Universal-RS, Konstruktionsmerkmale der Sport-RS übernommen. Der Indoor-RS stellt eine Leichtbauausführung des Universal-RS dar. Insbesondere für den RS-Sport werden disziplinspezifische Sonderbauformen angeboten.

Zur Vorbereitung der gestalterischen Maßnahmen wurden an marktgängigen GRRS die aus ergonomischer Sicht wichtigsten Konstruktionsmerkmale des Antriebssystems erfaßt. Auszüge sind im Anhang 8.1.2.2 zusammengestellt. Weitere Erhebungsergebnisse sind bei Bullinger u.a. /19,20/ dargestellt. In der Regel werden Antriebsräder mit einem Durchmesser von 610 mm (24 Zoll) benutzt. Alle RS-Hersteller bieten jedoch auch Antriebsräder mit einem Durchmesser von 660 mm (26 Zoll) als Variante an. Die Schwenkräder mit einem Durchmesser von zumeist 203 mm (8 Zoll) sind beweglich gelagert und erfüllen durch ihren Nachlauf die Lenkfunktion.

Die GR sind über 4 Befestigungsstege fest mit den Antriebsrädern verbunden, wobei in der Regel der Abstand zwischen den Antriebsrädern und GR bei der RS-Versorgung durch die Wahl zwischen zwei Steglängen bestimmt werden kann. Der Durchmesser der GR beträgt, je nach Antriebsraddurchmesser, ca. 510 bzw. 560 mm. Die Übersetzung beträgt damit ca. i_d = 0,85 (s. Abschn. 3.3.3). Die GR haben einen zylindrischen Querschnitt mit einem Durchmesser zwischen 19 und 20 mm. Die GR bestehen zumeist aus einem polierten rost- und säurebeständigen Stahlrohr.

Die Aktiv-RS weisen gegenüber den Universal-RS ein geringeres Gewicht auf, besitzen verstellbare oder alternative Achsaufnahmen für die Antriebsräder am Rahmen, erlauben eine Schwenkung der Antriebsräder nach innen (Sturz) und ermöglichen die Verwendung von

Sitz-Seitenteilen ohne Armauflage. Das geringere Gewicht des RS verbessert vor allem seine Handhabung. Durch die Achslage des Antriebsrades können die Fahreigenschaften des GRRS, insbesondere die Manövrierfähigkeit und die Sonderfunktionen, beeinflußt werden. Die Schwenkung der Antriebsräder erhöht die Seitenstabilität der RS, schützt die Hände vor Verletzungen beim RS-Sport oder Befahren von engen Passagen und erleichtert das Wenden und Drehen (vgl. Strohkendl /115/). Sitz-Seitenteile ohne Armauflage erlauben eine ungehinderte Kopplung der Hand am GR.

3.3 Arbeitsaufgabe beim Fahren mit dem Greifreifenrollstuhl
3.3.1 Fahraufgabe

Die vielfältigen Ausprägungen der Fahraufgabe können anhand der oben eingeführten Gliederung der Fahrfunktion strukturiert werden. Die Fahraufgabe bei der Geradeaus- und Kurvenfahrt kann in Antriebs-, Brems- und Lenkaufgabe unterteilt werden. Die Fahraufgabe wird durch

o die Eigenschaften des RS-Gesamtsystems (RS mit RS-Benutzer),
o den Verlauf der Fahrgeschwindigkeit und
o den Verlauf sowie die Eigenschaften der Fahrbahn

determiniert. Diese Faktoren sollen unter dem Begriff Fahrsituation zusammengefaßt werden.

Das Antreiben des GRRS erfolgt durch die zyklische Einleitung gleichgroßer Antriebskräfte an beiden GR. Das daraus resultierende Antriebsmoment an den GR wirkt über die Übersetzung dem Antriebswiderstandsmoment an den Antriebsrädern entgegen. Die Antriebsaufgabe besteht zusammengefaßt in der Überwindung des Antriebswiderstandes F_{AW} mit der Fahrgeschwindigkeit v, wobei die Antriebsleistung P erbracht wird. Die Antriebskräfte werden durch das Durchrutschen der Antriebsräder oder das Kippen des RS um die Antriebsachse begrenzt (s. Anhang 8.1.3.2).

Der GRRS wird durch die Einleitung gleichgroßer Bremskräfte in beide GR gebremst. Die Bremskräfte werden durch die Reibung zwischen Hand und GR erzeugt, wobei die mechanische Energie des RS-Gesamtsystems in thermische Energie umgesetzt wird. Die Bremskräfte werden durch das Durchrutschen der Antriebsräder begrenzt (s. Anhang 8.1.3.2).

Das Lenken des GRRS mit der üblichen Nachlauflenkung erfolgt durch die Einleitung unterschiedlich hoher oder entgegengesetzter Antriebs- bzw. Bremskräfte in die GR. Das Lenkmoment um die Drehachse des RS (s. Anhang 8.1.3.1, Bild A4) bewirkt eine horizontale Lenkkraft auf die Schwenkachsen der Schwenkräder und damit ein Moment um die Schwenkradaufsatzpunkte. Die Lenkaufgabe tritt in der Fahrpraxis gleichzeitig mit der Antriebs- und Bremsaufgabe auf.

3.3.2 Antriebsaufgabe

Mit der Eingrenzung der Betrachtung auf die Geradeausfahrt kann auf eine getrennte Darstellung der mechanischen Größen an den paarweise angeordneten Antriebsrädern und GR verzichtet werden.

Der Antriebswiderstand am Antriebsrad F_{AW} setzt sich nach der Gleichung (1) aus dem Rollwiderstand des Antriebs- und Schwenkrades F_{RO}, dem Lagerreibungswiderstand der RS-Räder F_{La}, dem Steigungswiderstand F_S und dem Trägheitswiderstand F_{Tr} zusammen.

$$F_{AW} = F_{RO} + F_{La} + F_S + F_{Tr} = F_W + F_{Tr} \tag{1}$$

Weitere Komponenten des Antriebswiderstandes, wie z.B. Kräfte durch die Verformung und Relativbewegung der RS-Bauteile, sollen hier vernachlässigt werden. Im Anhang 8.1.3.1, Bild A4 werden die Komponenten des Arbeitswiderstandes von den Kräften und Momenten am GRRS abgeleitet. Der Steigungswiderstand ist bei der Steigungsfahrt positiv und der Gefällefahrt negativ. Der Trägheitswiderstand wirkt bei der Beschleunigung des RS-Gesamtsystems positiv und der Verzögerung negativ. Roll-, Lagerreibungs- und Stei-

gungswiderstand können zum Fahrwiderstand F_W zusammengefaßt werden.

Zum Antreiben des GRRS wird die Betätigungskraft in zyklischen
Hüben über die Hand in den GR eingeleitet. Zur Überwindung des
Antriebswiderstandes kann nur die tangential am GR wirkende Kom-
ponente genutzt werden, die verkürzt als Antriebskraft F_A bezeichnet werden soll. Die radial und axial in den GR eingeleiteten Komponenten der Betätigungskraft können jedoch nur bedingt
als Parasitärkräfte aufgefaßt werden, da sie zur reibschlüssigen
Kopplung zwischen Hand und GR beitragen (s. Abschn. 3.4.1.2).

Während der Einleitung der Antriebskraft (Krafthub) erfolgt eine
Beschleunigung des GR und damit des RS-Gesamtsystems. Die wirken-
de Antriebskraft entspricht zu jedem Zeitpunkt des Krafthubes dem
Antriebswiderstand nach der Gleichung (2).

$$F_A = F_{AW}/i_v = (F_W + F_{Tr})/i_v \tag{2}$$

Zwischen den Krafthüben (Leerhub) wirkt keine Antriebskraft. Im
Leerhub wird der Trägheitswiderstand negativ und bewirkt nach
Gleichung (3) den Antrieb des RS-Gesamtsystems.

$$F_{Tr} = F_W = F_{Ro} + F_{La} + F_S \tag{3}$$

Die Antriebsleistungen am Antriebsrad und GR entsprechen sich
nach Gleichung (4).

$$P = F_{AW}\, v = F_{AW}^{G}\, v^G = F_A\, v^G \tag{4}$$

Die zyklische Einleitung der Antriebskraft führt bei den mechanischen Größen zu einem entsprechenden diskontinuierlichen Verlauf
im Hub. Zur Vereinfachung der Betrachtung sollen hier Mittelwerte
über den zeitvarianten Verlauf im Hub herangezogen werden. Damit
hat die Gleichung (5) Gültigkeit.

$$\bar{P} = \bar{F}_{AW}\, \bar{v} = \bar{F}_{AW}^{G}\, \bar{v}^G = \bar{F}_A\, \bar{v}^G \tag{5}$$

Von den Mittelwerten im Hub, die durch einen Querstrich über dem Formelzeichen gekennzeichnet sind, sind konstante Größen zu unterscheiden, die einen Mittelwert über mehrere Hübe darstellen. Bei konstanter Fahrgeschwindigkeit können die Antriebswiderstände $\bar{F}_{AW}$ und $\bar{F}_{AW}^{G}$ in der Gleichung (5) jeweils durch die Fahrwiderstände $\bar{F}_{W}$ und $\bar{F}_{W}^{G}$ ersetzt werden, da die Trägheitswiderstände $\bar{F}_{Tr}$ und $\bar{F}_{Tr}^{G}$ zu Null werden.

3.3.3 Übersetzung

Die Übersetzung an RS wird nach Bennedik u.a. /2/, abweichend von der in der Mechanik üblichen Festlegung, allgemein als das Verhältnis der am Antriebselement und am Antriebsrad zurückgelegten Wege definiert. Danach ergibt sich am GRRS die Gesamtübersetzung nach Gleichung (6).

$$i_v = v^G/v = F_{AW}/F_{AW}^{G} \tag{6}$$

Die Gesamtübersetzung i_v setzt sich aus den Komponenten in der Gleichung (7) zusammen.

$$i_v = i_d \, i_\omega \tag{7}$$

$$\text{mit } i_d = D/D^A \qquad i_\omega = \omega^G/\omega$$

Die Übersetzungskomponente i_d ergibt sich bei gleicher Winkelgeschwindigkeit am Antriebsrad und GR durch deren Durchmesserverhältnis. Die Übersetzungskomponente i_ω liegt bei unterschiedlich großen Winkelgeschwindigkeiten am Antriebsrad und GR vor und ist auf ein Getriebe zurückzuführen. Da an den zur Zeit handelsüblichen GRRS kein Getriebe eingesetzt wird und stets $D^A > D$ gilt, ist ihre Gesamtübersetzung $i_v = i_d < 1$.

3.4 Arbeitsbewegung beim Fahren mit dem Greifreifenrollstuhl

Zur Charakterisierung der Arbeitstätigkeit beim Fahren mit dem
GRRS kann das erweiterte Belastungs-Beanspruchungs-Modell nach
Luczak /71/ herangezogen werden. Die Belastung wird danach durch
die Fahraufgabe (s. Abschn. 3.3.1) und die Gestaltung des RS
(s. Abschn. 3.2) determiniert. Die Arbeitsumgebung soll vernachlässigt werden.

Zur Erfüllung der Fahraufgabe führt der RS-Benutzer eine zyklische Arbeitsbewegung aus, die einerseits die Erbringung der Fahrleistung ermöglicht und andererseits zur Beanspruchung der beteiligten Organsysteme führt. Die Arbeitsbewegung kann einer mechanischen und energetisch-physiologischen Betrachtung unterzogen
und durch Aktivitätsgrößen beschrieben werden. Die Ausprägung sowohl der Arbeitsbewegung als auch der Beanspruchung wird durch
die Eigenschaften, Fähigkeiten und Motivation des RS-Benutzers
beeinflußt. Obgleich die Kraft-, Geschwindigkeits- und Beschleu-
nigungsentfaltung der Muskeln bei der Arbeitsbewegung einer sen-
somotorischen Handlungsregulation unterliegt, an der mehrere Sin-
nesorgane beteiligt sind, soll in der vorliegenden Untersuchung
die Betrachtung auf die energetisch-effektorischen Anteile, also
die Muskelarbeit eingeschränkt werden.

Die Beanspruchung führt zur Veränderung von physiologisch-biochemischen Funktionsgrößen der bei der Arbeitsbewegung eingesetzten
Organsysteme. Sowohl diese Veränderungen als auch daraus resultierende Erlebnisdaten werden zur Quantifizierung der Beanspruchung herangezogen. Aus der Beanspruchung resultieren sowohl die
Anpassungsvorgänge Übung und Ermüdung als auch die Schädigung,
die über den RS-Benutzer auf die Arbeitsbewegung und damit auf
die Fahrleistung zurückwirken. Die Ermüdung und Schädigung setzen
ein, wenn Erträglichkeits- bzw. Schädigungsgrenzen überschritten
werden. Jene Beanspruchungsformen, bei denen zuerst die Ermü-
dungs- und Schädigungsgrenzen erreicht werden, sind als Beanspruchungsengpässe anzusehen.

3.4.1 Mechanische Betrachtung der Arbeitsbewegung
3.4.1.1 Bewegungsablauf des Hand-Arm-Systems

Zur Vorbereitung der Gestaltungsarbeiten und der Versuchsplanung
wurde die belastungsabhängige Veränderung mechanischer Größen der
Arbeitsbewegung analysiert. Dafür wurden auf einem RS-Simulator
(s. Abschn. 4.2.1) mit einer Versuchsperson zehn Belastungsbedingungen mit unterschiedlichen Antriebsaufgaben und alternativen
Ausprägungen ausgewählter Gestaltungsparameter überprüft. Als
Analysemethoden wurden die Hochgeschwindigkeits-Filmaufnahme
(s. Abschn. 4.2.3) und die Erfassung mechanischer Aktivitätsgrößen am GR (s. Abschn. 4.1.3) herangezogen. Die Hochgeschwindigkeits-Filmaufnahmen erlauben sowohl eine qualitative als auch eine quantitative Beschreibung geometrischer und kinematischer Zustände des Hand-Arm-Systems. Die mechanischen Aktivitätsgrößen
ermöglichen die quantitative Beschreibung mechanischer Zustände
am GR. Auszüge der Analyseergebnisse sind im Anhang 8.1.4.1 zusammengestellt. Obgleich die Ausprägung der Bewegungsbahnen des
Hand-Arm-Systems intra- und interindividuellen Schwankungen unterliegt, soll hier ein Bewegungszyklus allgemein beschrieben und
dazu sollen die Daten der ersten Belastungsbedingung bei der Bewegungsanalyse (s. Anhang 8.1.4.1) zur Veranschaulichung herangezogen werden. In Bild 2 sind die Bewegungsbahnen des Finger-
grund-, Hand-, Ellbogen-, und Schultergelenks sowie des Sternums
während eines Bewegungszyklus in der Seitenansicht dargestellt.

In Punkt P_k des GR erfolgt die Kopplung der Hand mit dem GR, die
bis zum Greifreifenpunkt P_1 beibehalten wird. Während dieses ge-
führten Bewegungsabschnittes, des Krafthubes, wird die Antriebskraft über die Hand in den GR eingeleitet und bewirkt eine Dre-
hung des GR um den Drehwinkel $\Delta\varphi_{KH}$. Nach der Entkopplung von Hand
und GR erfolgt in einer freien Bewegung die Rückführung der Hand
zur erneuten Hand-GR-Kopplung. Während der Rückführung der Hand,
des Leerhubes, legt der GR den Drehwinkel $\Delta\varphi_{LH}$ und während des
vollständigen Bewegungszyklus, des Hubes, den Drehwinkel $\Delta\varphi_H$ zurück. Entsprechend den Drehwinkeln legt ein Punkt am GR-Umfang
die Wege L_{KH}, L_{LH} und L_H zurück.

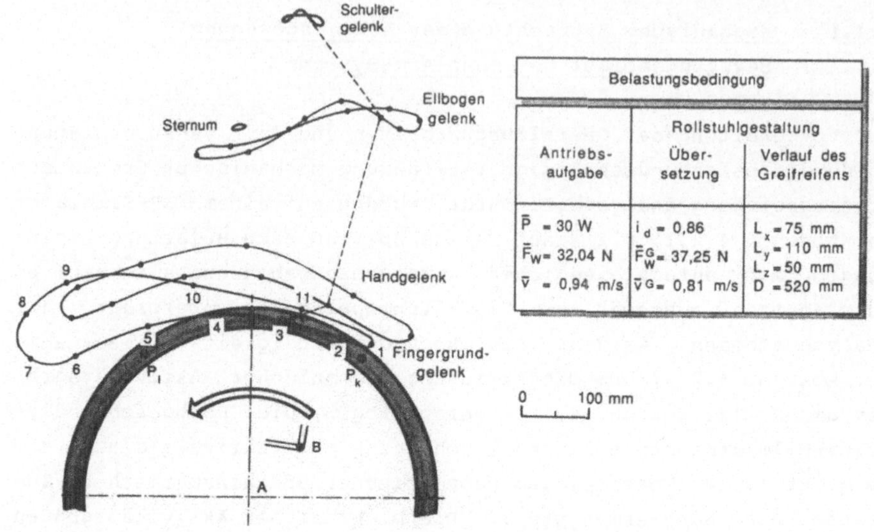

Belastungsbedingung		
	Rollstuhlgestaltung	
Antriebs-aufgabe	Über-setzung	Verlauf des Greifreifens
$\bar{P} = 30$ W	$i_d = 0{,}86$	$L_x = 75$ mm
$\bar{\bar{F}}_W = 32{,}04$ N	$\bar{\bar{F}}_W^G = 37{,}25$ N	$L_y = 110$ mm
$\bar{v} = 0{,}94$ m/s	$\bar{v}^G = 0{,}81$ m/s	$L_z = 50$ mm
		$D = 520$ mm

Bild 2: Bewegungsbahnen ausgewählter Körperpunkte des Hand-Arm-Systems beim ..ntreiben des GRRS. Die jeweils zur Beschreibung der Bewegungsbahnen herangezogenen elf Raumpunkte sind gekennzeichnet, wobei die dritten Raumpunkte zur Kennzeichnung der Stellung des Hand-Arm-Systems miteinander verbunden sind.

Die bei der Bewegungsanalyse (s. Anhang 8.1.4.1) herangezogenen mechanischen Aktivitätsgrößen erlauben eine Aussage über die biomechanischen Bedingungen, unter denen die Antriebsleistung erbracht wird. Eine zentrale Bedeutung kommt dabei der mittleren Antriebskraft im Krafthub $\bar{F}_{A,KH}$, der Krafthublänge L_{KH} und der Hubfrequenz f_H zu, aus denen sich nach Gleichung (8) die Antriebsleistung ergibt.

$$\bar{P} = \bar{F}_{A,KH} \, L_{KH} \, f_H \tag{8}$$

Wie in Abschn. 3.4.2 gezeigt wird, beeinflussen die Ausprägungen der Leistungskomponenten in der Gleichung (8) die Manipulationsarbeit und damit auch die Muskelbeanspruchung und finden somit bei den gestalterischen Maßnahmen in Kap. 5 Berücksichtigung.

3.4.1.2 Hand-Greifreifen-Kopplung

Grundlage der Analyse der Hand-GR-Kopplung ist die qualitative
Auswertung der Hochgeschwindigkeits-Filmaufnahmen aus dem
Abschn. 3.4.1.1. Die Ausführungen zur Hand-GR-Kopplung orientie-
ren sich an der Analyse- und Gestaltungssystematik nach Bullinger
u.a. /18/.

Gelenkstellungen der Hand beim Antreiben des GRRS

Mit der Kopplung der Hand am GR liegt eine geschlossene kinematische Kette vor. Zu Beginn des Krafthubes ist das Handgelenk stark
radial und das Daumenendgelenk stark dorsal flektiert. Um bei der
geringen maximal möglichen Radialflexion des Handgelenks möglichst frühzeitig den Zeigefinger für den Beginn des Krafthubes
einsetzen zu können, werden der Unterarm proniert und das Handgelenk stark dorsal flektiert. Mit fortschreitendem Krafthub wird
diese Zwangsstellung des Hand-Arm-Systems aufgelöst. In der zweiten Hälfte des Krafthubes muß das Handgelenk, um der kreisbogenförmigen Krafteingriffsbahn zu folgen, ulnar flektiert werden.
Während des gesamten Krafthubes liegt eine Dorsalflexion des
Handgelenks vor, die im GR-Scheitelpunkt ca. 30° beträgt (s. Anhang 8.1.4.1, Bild A9).

Greifart beim Antreiben des GRRS

Zu Beginn des Krafthubes sind nur der Daumen und der Zeigefinger
an der Hand-GR-Kopplung beteiligt. Mit fortschreitendem Krafthub
werden, abhängig von der Umfangsgeschwindigkeit des GR, weitere
Finger zur Kopplung herangezogen. Bei hohen Umfangsgeschwindigkeiten kann der Ringfinger nur kurz und der kleine Finger nur bei
sehr niederen GR-Umfangsgeschwindigkeiten eingesetzt werden
(s. Bild 3). Ab dem GR-Scheitelpunkt liegt der Daumenballen auf
der Oberseite des GR auf, wobei der Daumen um 20 - 30° versetzt
an der Innenseite des GR anliegt (s. Anhang 8.1.4.2, Bild A11).
Durch die fingerdynamische Kopplung können die verschiedenen
Stellungen der Unterarmachse zur Antriebskraftrichtung ausgeglichen werden, wobei die zur Krafteinleitung von Bullinger u.a.

/18/ als optimal angegebene Parallelität dieser anatomischen und funktionalen Achsen nur zu einem Zeitpunkt im Krafthub vorliegt. Die Entkopplung der Hand am Krafthubende und erneute Kopplung zum Krafthubbeginn entsprechen einem Umgreifen der Hand.

Zusammengefaßt läßt sich die Greifart als Zufassungsgriff mit fingerdynamischer Kopplung und varianter Kopplungsform charakterisieren (vgl. Bullinger u.a. /18/, Muntzinger /85/), bei der, abhängig von der Krafthubphase, eine unterschiedlich große Anzahl der Finger im Eingriff ist. Nach Bullinger u.a. /18/ eignet sich der Zufassungsgriff sowohl bei hohen Kopplungsgeschwindigkeiten als auch zur Übertragung großer Kräfte. Dies entspricht den Anforderungen beim Antreiben des GRRS. Im vorliegenden Anwendungsfall wird allerdings die mögliche Antriebskraft durch die geringe Anzahl der eingesetzten Finger stark eingeschränkt. Einem Umfassungsgriff steht die dafür notwendige lange Kopplungszeit in Verbindung mit dem kleinen Querschnittdurchmesser des GR und den vier Befestigungsstegen zwischen GR und Antriebsrad entgegen. Strohkendl /115/ empfiehlt eine Greifart, bei der nur der Daumen und der Zeigefinger beteiligt sind, wobei der Daumen zum Zeigefingermittelglied quergestellt wird. Diese Greifart läßt hohe Kopplungsgeschwindigkeiten zu, ist allerdings nur für entsprechende Anforderungen im RS-Sport geeignet.

Kopplungsart beim Antreiben des GRRS

Die Antriebskraft wird reibschlüssig an der Hand-GR-Schnittstelle in den GR eingeleitet. Die dafür notwendige Kopplungskraft wird zu Beginn des Krafthubes durch die Fingerbeuger aufgebracht. Ab dem GR-Scheitelpunkt werden zunehmend die radial und axial wirkenden Komponenten der Betätigungskraft zur Kopplung genutzt. Damit diese Komponenten der Betätigungskraft formschlüssig ohne Handschließkraft in den GR eingeleitet werden können, wird, wie das Bild All im Anhang 8.1.4.2 verdeutlicht, der Daumen um ca. 25° versetzt an der Innenseite des GR angelegt. Die Resultierende der radial und axial wirkenden Betätigungskraftkomponenten verläuft dann durch den GR-Querschnittmittelpunkt. Bei dieser Handhaltung verringern sich darüber hinaus die Behinderungen im Fin-

gerendgliedbereich, die durch die Befestigungsstege zwischen GR
und Antriebsrad verursacht werden.

Nach Bullinger u.a. /18/ ist die reibschlüssige Kopplung nicht
für die Übertragung großer Kräfte geeignet. So konnten sie an zylindrischen Griffen beim Reibschluß gegenüber dem Formschluß um
30 % niedrigere maximale isometrische Armdruckkräfte nachweisen.
Aufgrund des geringen GR-Querschnittdurchmessers und der ungünstigen Greifart steht beim Antreiben des GRRS darüber hinaus nur
eine kleine Kopplungsfläche zur Verfügung. Dies führt zu einer
hohen Druck- und Scherbelastung der Haut im Innenhandbereich. Das
Bild 3 zeigt jene Bereiche der Innenhand, die im GR-Scheitelpunkt
an der Hand-GR-Kopplung beteiligt sind.

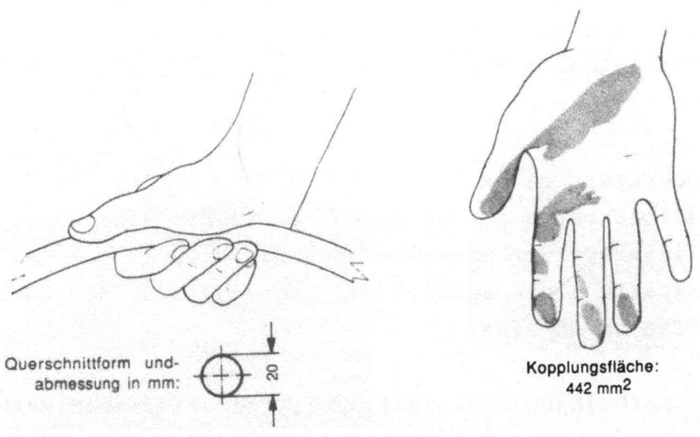

Bild 3: Hand-GR-Kopplung und Kopplungsbereich der Innenhand im
GR-Scheitelpunkt beim Antreiben des GRRS

Handhaltung, Greifart und Kopplungsart beim Bremsen des GRRS

Beim Bremsen des GRRS liegen der Daumen und Teile der Innenhand
im vorderen Bereich des GR auf der GR-Oberseite auf, während die
Kopplungskraft von den Fingerbeugern aufgebracht wird. Im Gegensatz zur Antriebsaufgabe liegt eine invariante, fingerstatische
Kopplung im Zufassungsgriff vor, an der, bis auf den kleinen Finger, alle Finger der Hand beteiligt sind. Die Größe der Kopp-

lungsfläche und die an der Kopplung beteiligten Innenhandbereiche entsprechen weitgehend jenen, die beim Antreiben des GRRS ermittelt wurden (s. Bild 3). Eine Handumfassung ist auch beim Bremsen aufgrund der Befestigungsstege zwischen GR und Antriebsrad nicht möglich. Die bei der Reibung zwischen Hand und GR entstehende Wärme wird primär über den Metall-GR von der Kopplungsfläche abgeleitet. Die Bremsleistung wird durch die Wärmebeanspruchung der Haut, die bis zu Verbrennungen führen kann, begrenzt. Dies stellt darüber hinaus in manchen Nutzungsbereichen des GRRS ein beträchtliches Sicherheitsrisiko dar.

3.4.2 Physiologische Betrachtung der Arbeitsbewegung

Zur Erfüllung der Antriebsaufgabe führt der RS-Benutzer eine zyklische Arbeitsbewegung aus, in deren Verlauf durch Muskel- und Massenkräfte folgende dynamische und statische Aktionskräfte wirken:

o Betätigungskraft am GR
o Manipulationskräfte zur Bewegung der Körperteile
o Handschließkraft zur Hand-GR-Kopplung
o Haltungskräfte zum Ausgleich der Eigengewichte der Körperteile
o Stützkräfte am RS-Sitz.

Die beim Aufbringen der Aktionskräfte geleistete Muskelarbeit kann zur Kennzeichnung der energetischen und beanspruchungswirksamen physiologischen Prozesse nach den von Martin /75/ zusammengestellten Gliederungsmerkmalen Anteil der an der Arbeitsbewegung beteiligten Muskelmasse, Dauer der Muskelkontraktion, Bewegungsgeschwindigkeit und Bewegungsfrequenz charakterisiert werden. Danach liegt beim Antreiben des GRRS eine überwiegend dynamische (Muskelkontraktionsdauer < 3 s), motorische (Bewegungsgeschwindigkeit > 200 mm/s) und kontinuierliche (Bewegungsfrequenz > 3 min^{-1}) Muskelarbeit vor. Da nach Laurig /64/ beim Einsatz beider Hand-Arm-Systeme über ein Siebtel der Körpermuskelmasse beteiligt ist, kann beim Antreiben des GRRS von einer schweren dynamischen Muskelarbeit gesprochen werden.

In diesem Abschn. steht die Analyse der Beanspruchung des RS-Benutzers und der energetischen Effizienz der Arbeitsbewegung beim Antreiben des GRRS im Vordergrund. Dabei soll die Beanspruchung insbesondere durch die Lokalisierung der vorliegenden Beanspruchungsengpässe charakterisiert werden.

In der Literatur liegt eine Vielzahl arbeitsphysiologischer und medizinischer Beiträge zur Beanspruchung und zum Energieumsatz beim Antreiben des GRRS vor. Dabei wurden im wesentlichen folgende Untersuchungsintentionen verfolgt:

o Überprüfung des Zusammenhangs zwischen der Beanspruchung und dem Energieumsatz einerseits und ausgewählten Belastungsfaktoren andererseits. Im überwiegenden Teil der Untersuchungen wurden die Fahrbahnlängsneigung und die Fahrgeschwindigkeit als unabhängige Variable variiert (vgl. Voigt u.a. /120/, Kröger /60/, Stoboy u.a. /113/, Wicks u.a. /124/, Glaser u.a. /39/, Lundberg /72/, Sawka u.a. /94/, Knowlton u.a. /59/, Wilde u.a. /125/, Lesser /67/). Daneben wurde der Einfluß der Fahrbahnquerneigung (vgl. Stamp u.a. /107,108/), des Reifendrucks (vgl. Engel u.a. /29/), der Fahrbahnoberfläche (vgl. Wolfe u.a. /126/, Glaser u.a. /40/), der Lenkaufgabe (vgl. Lesser /67/, Hutzler /49/) und des Stufenfahrens (vgl. Lesser /67/) überprüft.
o Vergleich verschiedener RS-Benutzerkollektive und die Bestimmung der körperlichen Leistungsfähigkeit von RS-Benutzern (vgl. Berendes, B. /3/, Berendes, D. /4/, Gass u.a. /37,38/, Lundberg /72/, Stamp u.a. /105/, Knowlton u.a. /59/, Sawka u.a. /93/, Jarvis u.a. /52/) sowie die Überprüfung und Optimierung von Trainingsprogrammen für die Rehabilitation und den RS-Sport (vgl. Gass u.a. /38/).
o Untersuchung der RS-Gestaltung (s. Abschn. 3.6).

Zur Beurteilung der Beanspruchung wurde überwiegend die Arbeitspulsfrequenz, selten der Pulsfrequenzanstieg, die Pulsfrequenzarrhythmie, spirometrische Größen, die elektrische Muskelaktivität, die maximale Arbeitsdauer und das subjektive Beanspruchungserleben herangezogen.

Mehrere Autoren weisen darauf hin, daß beim Antreiben des GRRS der Beanspruchungsengpaß nicht in der zentralen Energieversorgung der Muskeln durch das kardiorespiratorische System, sondern in der Ermüdung peripherer Muskelgruppen des Hand-Arm-Systems zu sehen ist (vgl. Voigt u.a. /120/, Berendes, B. /3/, Hildebrandt /47/, Engel u.a. /29,34/, Lesser /67/, Hutzler /49/). Ein Nachweis für diese Einschätzung ist in den Untersuchungen jedoch nur in Ansätzen gelungen.

Hutzler /49/ stützt seine Aussage auf das subjektive Beanspruchungsempfinden der Versuchspersonen. Lesser /67/ untersuchte den Arbeitsenergieumsatz abhängig von der Antriebsleistung und stellte bei Werten bis zu 30 W einen linearen und darüber einen degressiven Verlauf fest. Zusätzlich gestützt auf die Untersuchung der elektrischen Muskelaktivität ausgewählter Muskeln des Hand-Arm-Systems (vgl. Lesser u.a. /67,68/) erkennt er in diesem Ergebnis einen Hinweis auf einen Beanspruchungsengpaß durch die Ermüdung lokaler Muskelgruppen. Der von Lesser gefundene Zusammenhang zwischen Leistung und Arbeitsenergieumsatz steht im Gegensatz zur Johansson'schen Regel (nach Rohmert u.a. /92/). Bei anderen Untersuchungen, die sich allerdings in der Regel auf den unteren Leistungsbereich beschränkten, konnte der von Lesser gefundene Verlauf des Arbeitsenergieumsatzes nicht bestätigt werden (vgl. Voigt u.a. /120/, Berendes, B. /3/, Berendes, D. /4/, Kröger /60/, Glaser u.a. /39/, Sawka u.a. /94/, Wilde u.a. /125/, Engel u.a. /29,30,33/).

Eine weitere Möglichkeit zur Bestimmung des Beanspruchungsengpasses stellt das Kriterium zur Differenzierung zwischen schwerer und einseitiger dynamischer Muskelarbeit dar. Danach ist der Beanspruchungsengpaß bei schwerer dynamischer Muskelarbeit in der zentralen Energieversorgung und bei einseitiger dynamischer Muskelarbeit in der peripheren Energieversorgung der eingesetzten Muskeln zu sehen (vgl. Martin /75/). Als operationale Grenze wird die Beteiligung von einem Siebtel der Gesamtmuskelmasse an der Muskelarbeit angenommen (vgl. Laurig /64/). Wie bereits oben beschrieben, muß damit beim Antreiben des GRRS von einer schweren dynamischen Muskelarbeit ausgegangen und der Beanspruchungsengpaß im kardiorespiratorischen System angenommen werden.

Die widersprüchlichen Ergebnisse bei der Analyse der Beanspruchungsengpässe aufgrund der Muskelarbeit legen den Schluß nahe, daß eine Lokalisierung nur in Abhängigkeit von den Belastungsbedingungen und der körperlichen Leistungsfähigkeit des RS-Benutzers vorgenommen werden kann.

Bei der Ermittlung der maximalen Arbeitsdauer beim Antreiben des GRRS durch Lesser /66,67/ gaben die Probanden als Abbruchkriterium Schmerzen an der Handinnenfläche und im Schultergürtelbereich an. Dieses Ergebnis wird durch die Aussagen der RS-Benutzer bei der im Rahmen der vorliegenden Untersuchung durchgeführten Befragung zur RS-Gestaltung (s. Abschn. 3.5) gestützt. Danach klagen 8 % der Befragten über Druckschmerzen im Bereich der Innenhand, 18 % über Gelenkschmerzen am Hand-Arm-System und 51 % bemängeln das Abgleiten/Durchrutschen der Hand vom GR. Die Wärmeentwicklung beim Bremsen benennen 48 % der Befragten als besondere Schwierigkeit bei der Benutzung des GRRS. Diese Ergebnisse und die Analyse der Hand-GR-Kopplung in Abschn. 3.4.1.2 weisen darauf hin, daß neben der Muskelbeanspruchung beim Antreiben und Bremsen des GRRS folgende weitere Beanspruchungsengpässe vorliegen können:

o Beanspruchung der Gelenke und Bänder des Hand-Arm-Systems
  durch mechanische Belastung
o Beanspruchung der Haut im Innenhandbereich durch Druck-
  und Scherkräfte
o Wärmebeanspruchung der Haut im Innenhandbereich beim
  Bremsen.

Die vorliegenden Untersuchungen zum Verlauf der Pulsfrequenz weisen eine lineare Abhängigkeit von der Antriebsleistung nach (vgl. Voigt u.a. /120/, Berendes, B. /3/, Berendes, D. /4/, Kröger /60/, Glaser u.a. /39/, Sawka u.a. /94/, Wilde u.a. /125/, Engel u.a. /29,30/, Lesser /67/). Die absoluten Werte zeigen, entsprechend der körperlichen Leistungsfähigkeit der Probandenkollektive, sehr große Unterschiede. Eine Ableitung der lei-

stungsbezogenen Dauerleistungsgrenze kann anhand der Untersuchungsergebnisse nicht durchgeführt werden, da keine Aussagen zum
Ruhepuls oder den steady-state-Bedingungen vorliegen.

Eine systematische Untersuchung der Dauerleistungsgrenze wurde
von Lesser u.a. /66,68/ durchgeführt. Er fand, ausgehend von der
Analyse des Pulsfrequenzanstiegs und der maximalen Arbeitsdauer,
eine Dauerleistungsgrenze von ca. 10 W. Auch wenn diese lei-
stungsbezogene Dauerleistungsgrenze von der körperlichen Leistungsfähigkeit des Versuchspersonenkollektivs abhängt, weist ein
Vergleich mit der Dauerleistungsgrenze bei anderen Arbeitsformen,
wie der Kurbelergometerarbeit mit 40 W und der Fahrradergometerarbeit mit 60 - 90 W (nach Lesser u.a. /68/), auf die physiolo-
gisch ungünstige Arbeitsbewegung im Mensch-RS-System hin. Dies
bestätigt auch der direkte Vergleich der RS- und Kurbelergometerarbeit mit dem gleichen Probandenkollektiv anhand verschiedener
Beanspruchungsgrößen (vgl. Lundberg /72/, Sawka u.a. /94/).

Die Angaben in der Literatur zum Physiologischen Wirkungsgrad
schwanken zwischen 6,5 % nach Lesser /67/ und 14 % nach Kröger
/60/ (vgl. Voigt u.a. /120/, Brattgard u.a. /7/, Berendes, D.
/4/, Stamp u.a. /105,107/, Engel u.a. /29,31/, Knowlton u.a.
/59/). Die großen Differenzen ergeben sich aufgrund der Abhängigkeit des Physiologischen Wirkungsgrads von den Belastungsbedingungen, der körperlichen Leistungsfähigkeit und Ermüdung der Versuchspersonen sowie der Meßmethodik. Der Vergleich des mit 9 %
angenommenen Physiologischen Wirkungsgrades beim Antreiben des
GRRS mit den Wirkungsgraden von ca. 16 % bei der Kurbelergometerarbeit und ca. 23 % bei der Fahrradergometerarbeit (vgl. Rohmert
/89/) sowie bis 30 % beim Gehen (nach Grandjean /42/) unter-
streicht die energetisch ineffiziente Arbeitsbewegung beim Antreiben des GRRS.

Viele Autoren führen die hohe Muskel- und Kreislaufbeanspruchung
sowie die ungünstige energetische Effizienz beim Antreiben des
GRRS im Vergleich mit anderen Arbeitsformen auf die Manipulation
des Hand-Arm-Systems insbesondere im Leerhub zurück, die keinen
unmittelbaren Beitrag zur Antriebsleistung erbringt (vgl. Voigt

u.a. /120/, Engel u.a. /32/, Kröger /60/, Lesser /66/). Aus diesem Grunde wurde zur Quantifizierung der energetischen und beanspruchungswirksamen Folgen dieser Manipulationsarbeit ein Versuch ohne Antriebswiderstand durchgeführt. Dazu wurde der Fahrtest (s. Abschn. 4.1.4) auf dem RS-Simulator (s. Abschn. 4.2.1) herangezogen und der Arbeitsenergieumsatz sowie die Arbeitspulsfrequenz abhängig von der Hubfrequenz bei f_H = 20, 40 und 60 min^{-1} erhoben.

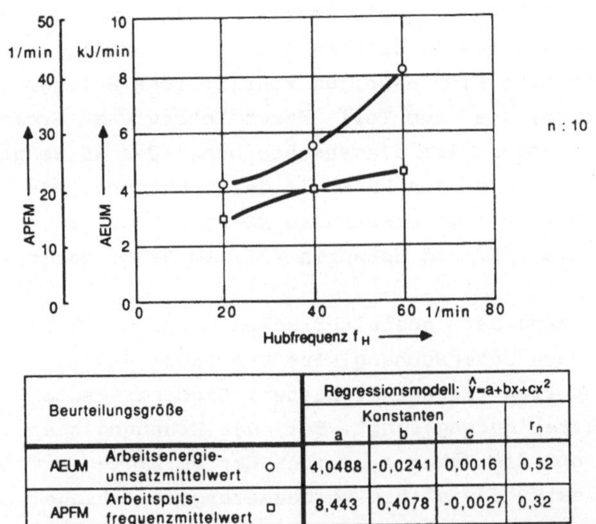

Beurteilungsgröße			Regressionsmodell: $\hat{y}=a+bx+cx^2$			
			Konstanten			r_n
			a	b	c	
AEUM	Arbeitsenergie-umsatzmittelwert	o	4,0488	-0,0241	0,0016	0,52
APFM	Arbeitspuls-frequenzmittelwert	□	8,443	0,4078	-0,0027	0,32

Bild 4: Arbeitsenergieumsatz und -pulsfrequenz aufgrund der Manipulationsarbeit in Abhängigkeit von der Hubfrequenz

Das Bild 4 zeigt den Arbeitsenergieumsatz und die Arbeitspulsfrequenz in Abhängigkeit von der Hubfrequenz. Der Mittelwertvergleich der Beurteilungsgrößen ist im Anhang 8.1.4.3, Bild A12 und A13 dargestellt. Die Varianzanalyse ergab für beide Beurteilungsgrößen eine signifikante Abhängigkeit (p < 0,001) von der Hubfrequenz. Ein Vergleich mit den Versuchsergebnissen in Abschn. 5.2.5, Bild 37 zeigt, daß der Anteil des Arbeitsenergieumsatzes, der auf die Manipulationsarbeit zurückzuführen ist, bei einer Antriebsleistung von 20 W ca. 50 %, von 30 W ca. 30 % und von 40 W ca. 20 % beträgt. Dies bestätigt die Bedeutung der Manipulationsarbeit beim Antreiben des GRRS und weist auf die Möglichkeit hin, durch gestalterische Maßnahmen die Hubfrequenz zu senken, um damit den Anteil der Manipulationsarbeit zu verringern. Dies führt zu einer Senkung der Muskelbeanspruchung.

3.5 Befragung zur Rollstuhlgestaltung

Befragungen von RS-Benutzern wurden in Großbritannien (vgl. McLaurin /76/), Schweden (vgl. Paulsson /87/) und der Bundesrepublik Deutschland (vgl. Blohmke u.a. /5/, Boenick /6/) durchgeführt. Es handelte sich dabei um schriftliche Befragungen großer Personengruppen, die zum Teil durch Interviews ergänzt wurden. Ziel der Erhebungen war die Beschreibung des RS-Benutzerkollektivs und der eingesetzten RS sowie deren Nutzung. Die Zufriedenheit der RS-Benutzer mit zentralen RS-Funktionen wurde lediglich bei Blohmke u.a. /5/ und McLaurin /76/ am Rande berücksichtigt.

Zur Unterstützung der gestalterischen Maßnahmen wurde im Rahmen der vorliegenden Untersuchung eine Befragung von 73 RS-Benutzern und 24 RS-Experten (Krankengymnasten, Ergotherapeuten und Orthopädiefachkräfte) durchgeführt. Bei der Erhebung standen die Zufriedenheit und die Schwierigkeiten der Befragten mit den Einzelfunktionen des RS sowie ihre Verbesserungsvorschläge und Gestaltungswünsche im Vordergrund. Darüber hinaus wurde die Beurteilung von Gestaltungsalternativen erfragt.

Der Erhebungsgegenstand machte eine mündliche Befragung mit explorativem Charakter notwendig. Es wurde ein Interview-Leitfaden mit kombiniert offener und geschlossener Fragestellung eingesetzt. Das Bild 5 zeigt die Struktur des Interview-Leitfadens für die RS-Benutzer, der 85 Fragen umfaßte. Im Anhang 8.1.5 sind stark verdichtet einige Ergebnisse der Erhebung zusammengestellt. Eine Gesamtdarstellung der zumeist qualitativen Befragungsergebnisse zur RS-Gestaltung findet sich bei Bullinger u.a. /19,20/.

<table>
<tr><td>

1   Allgemeine Daten
1.1   Daten zur Person
1.2   Art der Behinderung und
       Funktionsbeeinträchtigung
1.3   Rollstuhlversorgung
1.4   Rollstuhlnutzung

2   Fragen zu Einzelfunktionen
       des Rollstuhls
2.1   Sitzen
2.1.1   Sitzfläche
2.1.2   Rückenlehne
2.1.3   Armlehne
2.1.4   Beinstütze
2.2   Fahren
2.2.1   Greifreifen
2.2.2   Handschuhe
2.2.3   Übersetzung

</td><td>

2.2.4   Fremdantrieb
2.2.5   Bremsen
2.2.6   Manövrierfähigkeit
2.3   Transportieren und Verstauen
2.3.1   Faltmechanismus
2.3.2   Raumbedarf
2.3.3   Gewicht
2.4   Sicherheit
2.4.1   Kippsicherheit
2.4.2   Verletzungssicherheit
2.5   Design
2.6   Zusatzeinrichtungen

3   Rangreihenbildung unter vorgegebenen
       Funktionen

4   Kostenakzeptanz

</td></tr>
</table>

Bild 5: Struktur des Interviewleitfadens zur Befragung der
RS-Benutzer

3.6 Untersuchungen zur ergonomischen Gestaltung des Antriebssystems an handbetriebenen Rollstühlen

In den 70er Jahren wurden erstmals ergonomische Untersuchungen
zur RS-Gestaltung durchgeführt. Sie konzentrierten sich auf die
Sitz- und Antriebsgestaltung. Untersuchungen und Entwicklungen
zur Sitzgestaltung liegen über die

o Neigung der Sitzelemente mit ihren Verstellbereichen und -dreh-
punkten sowie die Maße der Sitzelemente mit ihren Verstellbereichen und -stufungen (vgl. Bürdek u.a. /16/, Diebschlag u.a.
/24/, Müller-Limmroth /83/, Stamp u.a. /106,107,108,109/, Klosner /56/, Weege u.a. /122/, Lesser /67/),

o Art und Form der Sitzfläche sowie der Rückenlehne (vgl. Küppers /63/, Bürdek u.a. /16/, Brudermann /15/, Diebschlag u.a.
/24/, Müller-Limmroth /83/, Armonies u.a. /1/, Klosner /56/,
Weege u.a. /122/, Stamp u.a. /108,109/, Lesser /67/),

o Polsterung und Bezüge der Sitzfläche sowie der Rückenlehne
(vgl. Stipicic u.a. /112/, Delateur u.a. /22/, Küppers /63/,
Bürdek u.a. /16/, Stamp u.a. /106,107,108,109/, Brudermann /15/, Diebschlag u.a. /24/, Müller-Limmroth /83/, Armo-

nies u.a. /1/),

o Gestaltung der Beinstütze, Armlehne und Kopfstütze (vgl. Bürdek u.a. /16/, Stamp u.a. /106,107,108,109/, Klosner /56/) und

o Gestaltung und Anordnung der Bedienteile (vgl. Bürdek u.a.
  /16/, Klosner /56/)

vor. Daneben liegt eine große Zahl von Entwicklungen und Untersuchungen technischen Charakters zu vielen Funktionen und Baugruppen des RS vor, denen zwar aus ergonomischer Sicht eine große Bedeutung zukommen kann, die jedoch nicht, wie ergonomische Untersuchungen, unmittelbar die Mensch-RS-Interaktion zum Gegenstand
ihrer Betrachtung machen. Dazu gehören z.B. die Reduzierung des
Gewichts, der Außenabmessungen und der Komponenten des Fahrwiderstandes, die Verbesserung des Brems- und Lenksystems, der Kippsi-
cherheit und des Faltmechanismus wie auch die Überprüfung von
luft- und wasserdampfdurchlässigen Sitzbezügen sowie durchblu-
tungsfördernder Sitzflächen zur Dekubitusprophylaxe. Eine umfang-
reiche Literaturübersicht zur technischen RS-Gestaltung liegt von
Bennedik u.a. /2/ vor.

In diesem Abschn. werden die ergonomischen und arbeitsphysiologischen Untersuchungen zur Gestaltung des Antriebssystems am RS zusammengestellt, wobei der GRRS im Vordergrund der Betrachtung
steht.

3.6.1 Vergleich von Antriebsprinzipien und Rollstuhltypen

In Bild 6 sind die arbeitsphysiologischen Untersuchungen zum Vergleich alternativer Antriebsprinzipien am RS und RS-Typen zusammengestellt. Die experimentellen Untersuchungen lassen folgendes
Resümee zu:

| Unter-suchung | Vergleich | Fahraufgabe | | Beurteilungsgrößen | | | Versuchs-personen |
		Antreiben, Geradeaus-fahrt	Lenken	Leistung	Bean-spruchung	Arbeits-energie-umsatz	
Engel /32/	GRRS (Universal) / Hebel-RS (Kurbelschwinge)	o			o	o	1 Nichtbeh.
	Hebel-RS (Kurbelschwinge) / Hebel-RS (Kurbelschwinge)	o			o	o	1 Nichtbeh.
Kröger /60/	GRRS (Universal) / GRRS (Antriebsräder vorn)	o	o	o	o	o	29 Nichtbeh.
Engel /33/	GRRS (Universal) / Hebel-RS (Getriebe)	o			o	o	- -
Fink /36/	Hebel-RS (Kurbelschwinge) / Kurbel-RS	o			o	o	13 Nichtbeh.
Engel /29/	GRRS (Universal) / GRRS (Sport)	o			o	o	10 Nichtbeh.
Brubaker /12/	GRRS (Universal) /GRRS (Sport)	o				o	6 RS-Ben.
Engel /31/	Hebel-RS (Kurbelschwinge) / Hebel-RS (Getriebe)	o			o	o	3 Nichtbeh.
	GRRS (Universal, Bj. 1968) / GRRS (Universal, Bj. 1981)	o			o		- -
Engel /30/	GRRS (*) / GRRS (Universal)	o			o	o	10 Nichtbeh.
	GRRS (*) / Hebel-RS (*)	o			o	o	8 Nichtbeh.
	Hebel-RS (*) / Hebel-RS (Kurbelschwinge)	o			o	o	20 Nichtbeh.
Rohmert /91/	GRRS (*) / Hebel-RS (*)	o			o		5 -
	Hebel-RS (*) / Hebel-RS (Kurbelschwinge)	o			o		5 -
Van der Woude /119/	GRRS (Universal) / GRRS (Sport)	o			o	o	10 Nichtbeh.
	GRRS (Universal u. Sport) / Hebel-RS (Kurbelschwinge)	o			o	o	10 Nichtbeh.
	GRRS (Universal u. Sport) / Kurbel-RS	o			o	o	10 Nichtbeh.
	Hebel-RS (Kurbelschwinge) / Kurbel-RS	o			o	o	10 Nichtbeh.
Hutzler /49/	GRRS (Universal) / GRRS (Sport)		o	o	o		14 Nichtbeh. u. RS-Ben.
	GRRS (Universal u. Sport) / Hebel-RS (Kurbelschwinge)		o	o	o		14 Nichtbeh. u. RS-ben.

* RS-Neuentwicklung mit GR- und Hebelantrieb (vgl. Klosner /56/)

Bild 6: Arbeitsphysiologische Untersuchungen zum Vergleich alternativer RS-Antriebsprinzipien und -Typen

Bei den Versuchen wurden zur Simulation der Fahraufgabe ein Fahr-
band- oder Rollenergometer eingesetzt (s. Abschn. 4.2.1.1). Zur
Beurteilung der alternativen RS-Antriebsprinzipien und -Typen
wurden in der Regel die Arbeitspulsfrequenz und der Arbeitsenergieumsatz herangezogen. Lediglich zur Beurteilung der Lenkaufgabe
wurden Leistungsgrößen verwendet.

Beim GR-Antrieb liegen die höchste Beanspruchung des kardiorespiratorischen Systems und die geringste energetische Effizienz der
Arbeitsbewegung vor. Ausgehend von der praktischen Erfahrung sind
jedoch die besseren Fahreigenschaften und die einfachere Handhabbarkeit des GRRS unstrittig. Engel u.a. /32/ empfehlen aus diesem
Grunde eine Doppelversorgung der RS-Benutzer mit einem GRRS für
die Innenräume und einem Hebel-RS als Straßenselbstfahrer. Die
experimentellen Versuche weisen auch auf die besseren Lenkeigen-
schaften des GRRS gegenüber dem Hebel-RS hin. Dem GRRS mit hinten
angeordnete Antriebsrädern ist sowohl bei der Antriebs- als auch
bei der Lenkaufgabe der Vorzug vor dem GRRS mit vorn liegenden
Antriebsrädern zu geben.

Keine eindeutige Aussage kann zum Vergleich des Hebel- mit dem
Kurbelantrieb gemacht werden, da die Versuchsergebnisse von der
gewählten Übersetzung abhängig sind. Dennoch dürften sich weitere
Untersuchungen erübrigen, da dem Kurbelantrieb bei der RS-Versorgung nahezu keine Bedeutung zukommt. Sowohl beim Hebel- als auch
beim GR-Antrieb können die Unterschiede zwischen verschiedenen
RS-Typen mit gleichem Antriebsprinzip zumeist nicht statistisch
gesichert werden. Dennoch lassen sich bei Sportmodellen eine
niedrigere Beanspruchung und ein höherer Physiologischer Wirkungsgrad erkennen.

3.6.2 Einzelgestaltungsparameter des Antriebssystems am Greifreifenrollstuhl

Neben dem Antriebssystem des GRRS wurden bei zurückliegenden Untersuchungen der Hebel- und Kurbelantrieb berücksichtigt. Die Anordnung der Hebel relativ zum Körper wurde von Engel u.a. /34/,

Stamp u.a. /105,107/, Klosner /56/ und Lesser /67/ untersucht.
Engel u.a. /33/ und Lesser /67/ stellten die gleichläufige und
gegenläufige Hebelbetätigung vergleichend gegenüber. Die optimale
Übersetzung für den Kurbelantrieb war bei Fink /36/ und für den
Hebelantrieb bei Engel u.a. /34/, Stamp u.a. /106/ und Lesser
/67/ Forschungsgegenstand. Lesser /67/ untersuchte zusätzlich die
Griffstellung am Antriebshebel.

In diesem Abschn. werden die Untersuchungen von Einzelgestal-
tungsparametern des GRRS näher dargestellt und diskutiert.

3.6.2.1 <u>Verlauf des Greifreifens</u>

Zur Frontal- und Höhenlage des GR (s. Abschn. 4.1.1), der Lage
des GR in einer Sagittalebene des Körpers, liegen fünf Untersuchungen vor. In Bild 7 sind die dabei berücksichtigten GR-Achspositionen zusammengestellt. Die als optimal beurteilten GR-Achslagen sind durch ein eingeschwärztes Symbol gekennzeichnet. Zur
Durchführung der experimentellen Versuche wurde von allen Unter-
suchern ein RS-Simulator eingesetzt.

Brattgard u.a. /9/ zogen zur Beurteilung der alternativen GR-Positionen neben spirometrischen Größen die Pulsfrequenz und den
Physiologischen Wirkungsgrad heran (n = 20, Nichtbehinderte). Abhängig von der Beurteilungsgröße und der Antriebsleistung von 10
und 18 W führte die Untersuchung zu uneinheitlichen Ergebnissen.
Lediglich bei der GR-Achslage hinten/oben konnte in der niederen
Leistungsstufe für den Physiologischen Wirkungsgrad ein statistisch gesichertes Maximum gegenüber den Alternativen nachgewiesen werden.

Brubaker u.a. führten zur Beurteilung der Frontal- und Höhenlage
des GR zwei Untersuchungen durch. Bei der ersten Untersuchung
(vgl. Brubaker u.a. /13/) wurden neben verschiedenen Aktivitätsgrößen zum Vergleich der GR-Achspositionen der Physiologische
Wirkungsgrad und die Pulsfrequenz herangezogen. Die beiden Versuche der ersten Untersuchung (n = 6, RS-Benutzer und Nichtbehin-

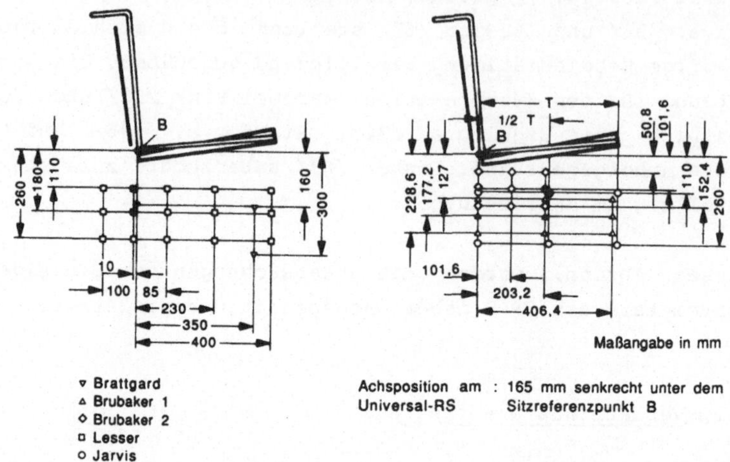

Bild 7: Alternative GR-Achspositionen zurückliegender Untersuchungen (vgl. Brattgard u.a. /9/, Brubaker u.a. /11,13/,
Jarvis u.a. /52/, Lesser /67/). Die eingeschwärzten Sym-
bole kennzeichnen die jeweiligen Optima. Die Achsposition
am Universal-RS entspricht den Erhebungsergebnissen im
Anhang 8.1.2.2.

derte bzw. n = 4, Nichtbehinderte) ergaben zwei unterschiedliche
optimale GR-Achslagen (hinten/mitte und mitte/mitte). Bei der
zweiten Untersuchung (vgl. Brubaker /11/) wurde der Physiologische Wirkungsgrad als Beurteilungsgröße eingesetzt und für diesen
bei der GR-Anordnung vorn/mitte ein Maximum festgestellt (n = 9,
RS-Benutzer). In beiden Untersuchungen konnten die Mittelwertdifferenzen der Beurteilungsgrößen nicht statistisch gesichert werden.

Lesser /67/ untersuchte mit einem RS-Benutzer und einem Nichtbehinderten 15 GR-Achspositionen und zog zur Beurteilung verschiedene Beanspruchungs-, Leistungs- und Aktivitätsgrößen heran. Die
Untersuchungsergebnisse zeigen ein uneinheitliches Bild, was auf
den Einsatz von lediglich zwei Versuchspersonen mit stark unterschiedlichen Körpersitzhöhen zurückgeführt werden kann. Die deut-
lichste Differenzierung der GR-Achspositionen war anhand der ma-

ximalen Arbeitsdauer möglich. Sie war für die GR-Achslage 10 mm hinter und, je nach Körpersitzhöhe der Versuchsperson, 180 bzw. 110 mm unter dem Sitzreferenzpunkt B maximal. Eine statistische Sicherung dieses Versuchsergebnisses konnte nicht durchgeführt werden.

Jarvis u.a. /52/ zogen bei ihrer Untersuchung zur Gestaltung von Kinder-RS sowohl die isometrische Maximalkraft als auch Leistungsgrößen des ersten Hubes bei der RS-Beschleunigung aus der Ruhelage heran. Als Leistungsgrößen wurden die durchschnittliche Antriebskraft und -leistung während und die GR-Drehzahl am Ende des einmaligen Hubes gewählt. Bei dem Vergleich der sechs GR-Achspositionen wurden 50 behinderte und nichtbehinderte Kinder als Versuchspersonen eingesetzt. Während sich bei der Gruppe der nichtbehinderten Versuchspersonen kein deutliches Optimum zeigte, ergaben sich bei den RS-Benutzern für die GR-Achslage mitte/oben statistisch gesicherte maximale Werte für die Beurteilungsgrößen.

Jarvis u.a. /52/ untersuchten neben der Frontal- und Höhenlage des GR auch den GR-Durchmesser (n = 20, behinderte Kinder) und die Seitenlage des GR (n = 22, behinderte Kinder). Die GR-Seitenlage (s. Abschn. 4.1.1) entspricht dem lateralen Abstand des GR vom Körper. Beim Vergleich der GR mit den Durchmessern D = 410, 490 und 530 mm ergab sich für die durchschnittliche Antriebskraft ein negativer und für die durchschnittliche Antriebsleistung ein positiver Zusammenhang, wobei nur die Mittelwertdifferenzen zwischen dem kleinsten und größten Durchmesser statistisch gesichert werden konnten. Bei fester GR-Achslage wurde allerdings bei dem Versuch die GR-Höhenlage nicht konstant beibehalten. Bei der lateralen Verlagerung des GR um 120 mm gegenüber der individuellen Normallage der Versuchspersonen konnte für drei der vier o.g. Beurteilungsgrößen ein statistisch signifikanter Abfall nachgewiesen werden. Allerdings handelte es sich bei der Erhöhung der GR-Seitenlage um 120 mm gegenüber dem Istzustand an Kinder-GRRS um eine praxisferne Alternative.

Die zurückliegenden Untersuchungen zur Frontal- und Höhenlage des GR führten zu stark divergierenden Ergebnissen, die in der Regel

nicht statistisch gesichert werden konnten. Der Grund dafür ist
mit darin zu sehen, daß bei allen Untersuchungen die GR-Position
durch die Lage der GR-Achse relativ zum Sitzreferenzpunkt B festgelegt wurde. Damit ergaben sich für eine spezifische GR-Anordnung, abhängig von den Körpermaßen der Versuchspersonen, unterschiedliche biomechanische Bedingungen bei der Arbeitsbewegung,
also eine Abhängigkeit der Beurteilungsgrößen sowohl von den Gestaltungsparametern als auch von den Körpermaßen. Darüber hinaus
lassen sich aus den Untersuchungsergebnissen keine Empfehlungen
für die praktische RS-Versorgung ableiten, da eine Berücksichtigung der individuellen Körpermaße nicht möglich ist. Es ergibt
sich aus diesen Gründen die Notwendigkeit, bei der vorliegenden
Untersuchung die Gestaltungsparameter GR-Frontal- und GR-Höhenlage erneut aufzugreifen. Da Jarvis u.a. /52/ zur Beurteilung des
GR-Durchmessers und der Seitenlage des GR lediglich Leistungsgrößen eines Einzelhubes heranzogen und dabei ausschließlich Kinder
als Versuchspersonen einsetzten, wurden in der vorliegenden Untersuchung auch diese Gestaltungsparameter berücksichtigt.

3.6.2.2 Übersetzung

Der Einfluß der Übersetzung auf die Beanspruchung und den Ar-
beitsenergieumsatz beim Antreiben des GRRS wurde von Glaser u.a.
/41/ und Brubaker /10/ untersucht. Bei ihren Versuchen auf einem
RS-Simulator behielten sie ein festes Durchmesserverhältnis von
GR und Antriebsrad bei und gingen damit von einer Veränderung der
Übersetzung durch ein Getriebe aus (s. Abschn. 3.3.3).

Glaser u.a. /41/ untersuchten die Gesamtübersetzungen i_v = 0,621,
0,862 und 1,103 in den Leistungsstufen $\overline{P}$ = 4,9 und 9,8 W (n = 16,
Nichtbehinderte). Der niederste Arbeitsenergieumsatz und die geringste Pulsfrequenz ergaben sich für beide Leistungsstufen bei
der kleinsten Gesamtübersetzung, wobei die Mittelwertdifferenz
gegenüber dem Istzustand i_v = 0,86 nur für den Arbeitsenergieumsatz bei der Antriebsleistung von 9,8 W statistisch gesichert
werden konnte. Die deutlich schlechteste Alternative stellte die
Gesamtübersetzung i_v = 1,103 dar.

Brubaker /10/ untersuchte die Gesamtübersetzungen $i_V = 0,5$, 0,825, 1 und 1,21, wobei er in einem ersten Versuch mehrere Fahrgeschwindigkeiten bei konstantem Fahrwiderstand und in einem zweiten Versuch mehrere Fahrwiderstände bei konstanter Fahrgeschwindigkeit überprüfte (n = 9, RS-Benutzer). Beide Versuche ergaben in jeder Leistungsstufe den statistisch signifikant höchsten Physiologischen Wirkungsgrad bei der Gesamtübersetzung $i_V = 0,5$. Das Bild 8 zeigt die Ergebnisse des zweiten Versuchs.

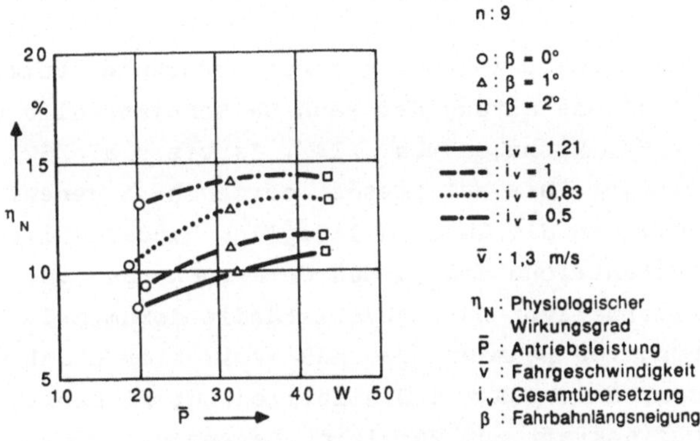

Bild 8: Physiologischer Wirkungsgrad in Abhängigkeit von der Antriebsleistung und der Übersetzung nach Brubaker /10/

In den zurückliegenden Untersuchungen zur Übersetzung am GRRS konnten durch eine Verringerung der Übersetzung gegenüber dem Istzustand $i_V = 0,86$ eine Verbesserung der energetischen Effizienz der Arbeitsbewegung und bei Glaser u.a. /41/ auch eine Reduzierung der Beanspruchung erreicht werden. Die biomechanischen Bedingungen der Arbeitsbewegung verschlechterten sich zunehmend mit größeren Übersetzungen. Kritisch ist anzumerken, daß bei beiden Untersuchungen keine Minima der Beurteilungsgrößen nachgewiesen und damit keine optimalen Übersetzungen abhängig von den berücksichtigten Versuchsbedingungen bestimmt werden konnten. Der RS-Bau benötigt jedoch für die Entwicklung von Getrieben Angaben zu dem Bereich biomechanisch optimaler Übersetzungen abhängig von den situativen Bedingungen bei der RS-Nutzung. Diese Einflußfaktoren einer optimalen Übersetzung sind insbesondere die Fahrsi-

tuation (s. Abschn. 3.3.1) aber auch die Antriebsleistung und die
körperliche Leistungsfähigkeit der RS-Benutzer. Derartige Empfehlungen können anhand der Versuchsergebnisse zurückliegender Untersuchungen nicht abgeleitet werden. Den Versuchen der vorliegenden Untersuchung soll ein Versuchsplan zugrundegelegt werden,
der es erlaubt, die Abhängigkeit der optimalen Übersetzung von
den vorliegenden Einflußfaktoren isoliert zu quantifizieren.

3.6.2.3 <u>Handseite des Greifreifens</u>

Die Abhängigkeit der Leistung und Beanspruchung beim Antreiben
des GRRS von der Gestaltung der Hand-GR-Schnittstelle wurde von
Lehmann u.a. /65/, Brubaker u.a. /14/, Jarvis u.a. /52/ und Lesser /67/ untersucht. Bis auf Lesser, der auch Eigenentwicklungen
einbezog, verglichen die Autoren lediglich handelsübliche Modelle. Allen Veröffentlichungen zu den Untersuchungen ist gemeinsam,
daß die GR-Alternativen nur unvollständig dokumentiert wurden.
Die Untersuchung von Lehmann u.a. /65/ soll hier nicht weiter be-
sprochen werden, da er GR mit Greifhilfen für RS-Benutzer mit geringer Handschließkraft zum Vergleich heranzog.

Brubaker u.a. /14/ untersuchten drei GR-Modelle verschiedener
Querschnittform, Abmessung und Oberflächenbeschichtung (n = 4,
Nichtbehinderte). Zur Beurteilung zogen sie die isometrische Maximalkraft in sechs verschiedenen Kopplungspunkten der Hand am GR
und die maximale Leistung bei einem dynamischen Leistungstest
heran. Die höchsten isometrischen Maximalkräfte konnten mit einem
lackbeschichteten Modell (Querschnittform: flaches Rechteck) aufgebracht werden. Beim dynamischen Test war ein kunststoffbe-
schichtetes Modell (Querschnittdurchmesser: 25 mm) optimal. Der
Standard-GR (Querschnittdurchmesser: 16 mm, Werkstoff: Stahl)
wurde bei beiden Tests am ungünstigsten beurteilt. Über eine statistische Sicherung des Versuches ist nichts ausgesagt.

Jarvis u.a. /52/ verglichen ihre GR-Modelle lediglich anhand der
isometrischen Maximalkraft bei der Kopplung der Hand am GR-Scheitelpunkt (n = 13, behinderte Kinder). Die günstigste Alternative

war ein ovaler Metall-GR mit geschlossenem Verbindungssteg zur Antriebsradfelge, gefolgt von dem unmittelbaren Zugriff auf einen luftgefüllten Antriebsradreifen und zwei kunststoffbeschichteten GR mit zylindrischem Querschnitt. Bei den GR mit zylindrischem Querschnitt konnten mit dem Durchmesser von 17,5 mm höhere isometrische Maximalkräfte aufgebracht werden als mit dem Durchmesser von 25 mm. Die ungünstigsten Alternativen waren ein an der Unterseite profilierter GR und der direkte Zugriff auf einen Vollgummi-Antriebsradreifen. Für sie konnten die Mittelwertdifferenzen des Beurteilungsparameters gegenüber der besten Alternative statistisch gesichert werden.

Lesser /67/ stellte vier handelsüblichen GR-Modellen drei Neuentwicklungen gegenüber (n = 2, RS-Benutzer und Nichtbehinderter). Zur Beurteilung der Alternativen zog er die isometrische Maximalkraft in drei Kopplungspunkten der Hand am GR, die maximale Arbeitsdauer, die Arbeitspulsfrequenz, den Pulsfrequenzanstieg und die elektrische Aktivität ausgewählter Muskeln des Hand-Arm-Systems heran. Aufgrund der uneinheitlichen Ergebnisse der beiden Versuchspersonen und des unvollständigen Versuchsplans sind die Versuchsergebnisse nur sehr schwer zu interpretieren. Ein eindeutiges Ergebnis erbrachte lediglich der Ausdauertest. Beide Versuchspersonen erreichten mit einem zellgummiummantelten GR (Querschnittdurchmesser: 46 mm) eine Verdopplung der maximalen Arbeitsdauer. Bei der subjektiven Beurteilung der GR stellten die Versuchspersonen die geringe Beanspruchung der Handinnenfläche durch den druckanthropomorphen Zellgummi-GR heraus. Eine statistische Sicherung der Versuchsergebnisse wurde nicht durchgeführt.

Die Ergebnisse der zurückliegenden Untersuchungen weisen darauf hin, daß durch die Vergrößerung des GR-Querschnitts und die Erhöhung des Reibungsbeiwertes der GR-Oberfläche höhere Antriebsleistungen mit dem GRRS möglich sind. Der Einsatz druckanthropomorphen Werkstoffs verspricht zusätzlich eine Minderung der Beanspruchung. Empfehlungen zur Form können aufgrund der Untersuchungsergebnisse nicht abgeleitet werden. Kritisch ist zu allen zurückliegenden Untersuchungen anzumerken, daß keine isolierte

Variation der Gestaltungsparameter der GR-Handseite gewährleistet und damit keine systematische Parameteroptimierung möglich war. Darüber hinaus blieb bei den Versuchen die Bremsaufgabe unberücksichtigt, obleich ihr bei der Handseitengestaltung die gleiche Bedeutung wie der Antriebsaufgabe zukommt. Bei der vorliegenden Untersuchung sollen ausgehend von der Analyse der Hand-GR-Kopplung (s. Abschn. 3.4.1.2) zu den Gestaltungsparametern der GR-Handseite alternative Ausprägungen entwickelt und isoliert untersucht werden, wobei neben der Antriebs- die Bremsaufgabe als Belastungsbedingung berücksichtigt wird.

4 UNTERSUCHUNGSMETHODIK

4.1 Versuchsplanung

Ausgehend von der Zielsetzung in Kap. 2 wird mit der vorliegenden
Untersuchung eine Gestaltung des Antriebssystems am GRRS angestrebt, die gegenüber dem Ausgangszustand eine Minderung der Beanspruchung des RS-Benutzers und eine Erhöhung der Leistung des
Mensch-RS-Systems ermöglicht. Die durchzuführenden Versuche sollen den Grad der Zielerfüllung in Abhängigkeit von den ergonomisch relevanten, konstruktiven Gestaltungsparametern beschreiben, um daraus die optimalen Gestaltungsparameterausprägungen für
den GR-Antrieb ableiten zu können. Dafür werden alternative Ausprägungen der zu untersuchenden Gestaltungsparameter bei Labor-
versuchen vergleichend gegenübergestellt.

4.1.1 Determinanten der Versuchsplanung

In Bild 9 sind die wichtigsten Determinanten der Versuchsplanung
bei der vorliegenden Untersuchung zusammengestellt. Ausgangspunkt
der Versuchsplanung war die Gesamtheit der RS-Benutzer (s.
Abschn. 3.1), der handbetriebenen RS (s. Abschn. 3.2) und der Ar-
beitsaufgaben beim Fahren mit dem RS (s. Abschn. 3.3) sowie die
Untersuchungszielsetzung (s. Kap. 2). Davon ausgehend konnte die
Betrachtung auf den Gegenstandsbereich der Untersuchung eingeschränkt werden, für den die Versuchsergebnisse Gültigkeit haben
müssen.

Mit der Einschränkung der Analyse des Mensch-RS-Systems auf die
bei der vorliegenden Untersuchung relevanten Bereiche wurde ihr
Gegenstandsbereich bereits umrissen. Danach ist als Gestaltungsgegenstand das Antriebssystem des GRRS mit vorn liegenden Antriebsrädern in der Ausprägung als Universal- oder Aktiv-RS anzusehen. Die zu optimierenden Funktionen sind die Geradeaus- und
Kurvenfahrt sowie das Manövrieren, wobei insbesondere eine Erwei-
terung des RS-Einsatzes im Freien angestrebt werden soll. Die be-
rücksichtigte RS-Benutzergruppe wird auf Personen ohne Minderung
der Handschließkraft und mit uneingeschränkter Bewegungsmöglich-

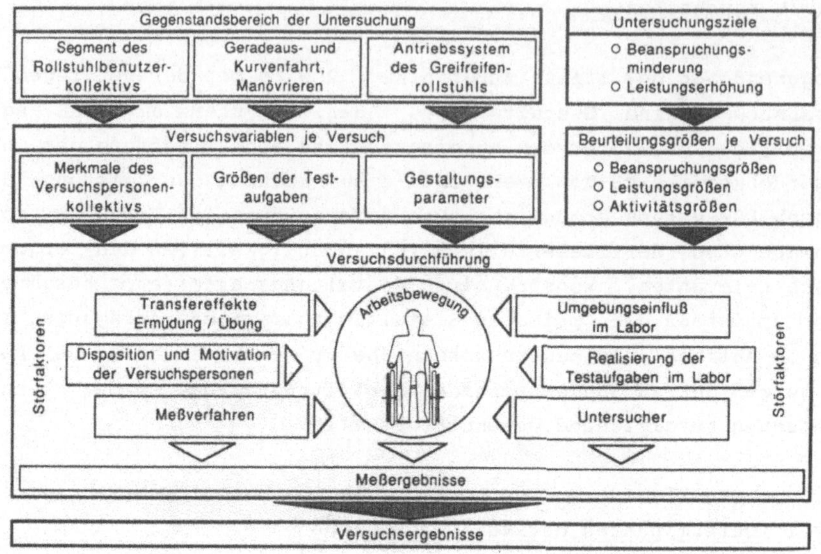

Bild 9: Determinanten der Versuchsplanung

keit des Hand-Arm-Systems begrenzt. Mit der angestrebten Bean-
spruchungssenkung soll insbesondere RS-Benutzern mit geringer
körperlicher Leistungsfähigkeit zu einer größeren Mobilität mit
dem GRRS verholfen werden.

Die Abgrenzung des Gegenstandsbereichs der Untersuchung schließt
nicht die Übertragung der Versuchsergebnisse auf andere Anwendungsbereiche des GRRS aus. Sie beschreibt vielmehr jene RS-Nutzung, die der Sicherung der Ergebnisgeneralisierung zugrundegelegt und bei der Diskussion der Versuchsergebnisse berücksichtigt
wurde. So läßt sich die Mehrzahl der Versuchsergebnisse in Teil-
bereiche des RS-Sports, der sich durch eine Vielzahl von Anwen-
dungsfällen und Einsatzbedingungen auszeichnet, übertragen.

Zur Operationalisierung der Untersuchungsziele wurden Beanspru-
chungs-, Leistungs- und Aktivitätsgrößen herangezogen (s. Abschn.
4.1.3). Ausgehend vom Gegenstandsbereich der Untersuchung wurden
für die Versuche das Gesamtkollektiv der Versuchspersonen zusammengestellt (s. Abschn. 4.1.5), Testaufgaben entwickelt (s.

Abschn. 4.1.4) und folgende Gestaltungsparameter festgelegt:

1   Verlauf des GR

1.1   GR-Lage

1.1.1 Frontallage

1.1.2 Höhenlage

1.1.3 Seitenlage

1.2   GR-Durchmesser

1.3   GR-Schwenkung

2   Übersetzung

3   Handseite des GR

3.1   Querschnittform

3.2   Querschnittabmessung

3.3   Werkstoff

3.4   Profil

3.5   Handschuh

In Bild 10 werden die Gestaltungsparameter des GR-Verlaufs erläutert. Zur Beschreibung der GR-Lage wurde ein körperbezogenes Koordinatensystem herangezogen, mit dem der GR-Scheitelpunkt durch einen Ortsvektor mit den Komponenten L_x, L_y und L_z relativ zum Hand-Arm-System des RS-Benutzers festgelegt ist. Die Frontallage L_x gibt den ventralen Abstand des GR-Scheitelpunkts vom Schultergelenk, die Höhenlage L_z den kaudalen Abstand des GR-Scheitelpunktes vom Unterarm bei senkrechtem Oberarm und einem Ellbogenflexionswinkel von $90°$ und die Seitenlage L_y den lateralen Abstand des GR-Scheitelpunktes vom Akromium an.

Der Versuchsplan (s. Abschn. 4.1.6) legte für jeden Versuch das Versuchspersonenkollektiv, die Testaufgaben, die Gestaltungsparameter und die Beurteilungsgrößen fest. Die Merkmale des Versuchspersonenkollektivs, die Größen der Testaufgaben und die Gestaltungsparameter stellten, wie das Bild 9 zeigt, die Versuchsvariablen dar. Die Gestaltungsparameter und gegebenenfalls weitere Versuchsvariablen wurden als Faktoren (unabhängige Variablen) ausgewählt, deren Einfluß auf die Beurteilungsgrößen (abhängige Variablen) quantifiziert werden sollte. Die übrigen Versuchsvariablen und die Störfaktoren wurden als intervenierende Variablen

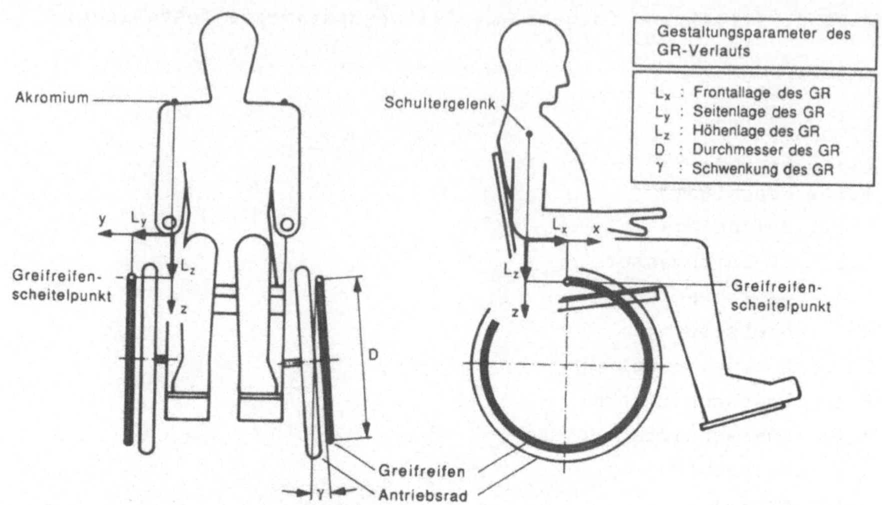

Bild 10: Gestaltungsparameter des GR-Verlaufs

kontrolliert. Als Kontrolltechniken wurden für die intervenieren-
den Versuchsvariablen die Konstanthaltung und für die Störfaktoren die Randomisierung der Teilversuche vorgesehen (s. Abschn.
4.1.6).

Während bei der Zusammenstellung des Versuchspersonenkollektivs,
der Testaufgaben und der Faktorkombination je Versuch die externe
Validität bzw. die Generalisierbarkeit der Versuchsergebnisse zu
beachten war, ergaben sich aus der internen Validität der Laborversuche die Anforderungen nach isolierter Variation der Faktoren
bei Kontrolle aller intervenierender Variablen und dem Einsatz
valider Beurteilungsgrößen. Mit der Entscheidung für Laborversuche konnten bei der vorliegenden Untersuchung die Voraussetzungen
zur Gewährleistung der internen Validität der Versuche geschaffen
werden. Es war damit jedoch die Notwendigkeit verbunden, zur Wahrung der externen Validität die Fahraufgabe möglichst realitäts-
nah zu simulieren. Feldversuche hätten bei der vorliegenden Gestaltungsaufgabe überdies zu einem konstruktiven und meßtechni-
schen Aufwand geführt, der unter versuchsökonomischen Gesichtspunkten nicht zu rechtfertigen gewesen wäre.

4.1.2 Gestaltung und Alternativenbeurteilung

Der Entwicklung der Gestaltungsalternativen und ihrer Beurteilung
lagen die Ursache-Wirkungs-Beziehungen des erweiterten Bela-
stungs-Beanspruchungs-Konzepts (s. Abschn. 3.4), wie sie in Bild
11 dargestellt sind, zugrunde . Danach wurde bei den Versuchen
die Arbeitsbewegung von den Merkmalen des Versuchspersonenkollektivs, den Größen der Testaufgaben und den Ausprägungen der Gestaltungsparameter determiniert. Die Beanspruchung und Fahrleistung waren auf die bei der Arbeitsbewegung wirkenden Körperkräf-
te zurückzuführen. Nach den Analyseergebnissen zur Beanspruchung
der RS-Benutzer (s. Abschn. 3.4.2) können beim Antreiben und
Bremsen des GRRS die fünf Beanspruchungsengpässe in Bild 11 wirken. Die Beanspruchungsengpässe kennzeichnen jene Beanspruchungsformen, bei denen zuerst eine Überschreitung der Erträglichkeits-
und Schädigungsgrenzen erwartet werden muß. Sie determinieren
nicht nur die Ausprägung der Beanspruchung, sondern begrenzen
durch die Rückwirkung über den RS-Benutzer und die Arbeitsbewegung auch die Höhe der Fahrleistung.

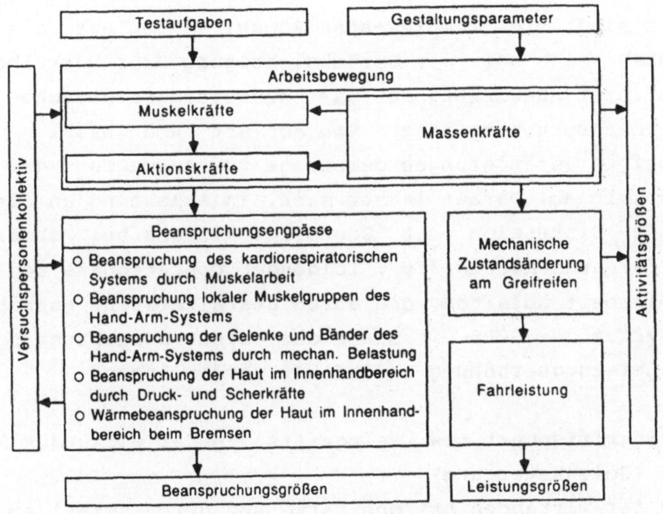

Bild 11: Beanspruchungsengpässe beim Fahren mit dem GRRS

Zur Quantifizierung der Beanspruchung und Fahrleistung wurden Beanspruchungs- und Leistungsgrößen eingesetzt. Zur Beschreibung der Arbeitsbewegung und ihrer belastungsabhängigen Veränderungen wurden physiologische und mechanische Aktivitätsgrößen herangezogen. Während die physiologischen Aktivitätsgrößen die Veränderung von Funktionsgrößen zentraler Organsysteme zugrundelegten, wurden die mechanischen Aktivitätsgrößen aus der mechanischen Zustandsänderung am GR abgeleitet. Die Beurteilungsgrößen konnten dann als valide angesehen werden, wenn sie ein Maß für die physiologisch-biochemischen Veränderungen in den Beanspruchungsengpässen aufgrund alternativer Gestaltungsparameterausprägungen darstellten.

Im Rahmen der Gestaltung wurden für die zu untersuchenden Gestaltungsparameter alternative Ausprägungen entwickelt. Aufgrund ihrer zentralen Bedeutung für die Beanspruchung und Fahrleistung und damit die Erfüllung der Untersuchungsziele waren die Beanspruchungsengpässe der Ausgangspunkt der Gestaltung. Die Ableitung der Gestaltungsalternativen anhand der Beanspruchungsengpässe erfolgte auf der Basis von Arbeitshypothesen, die in Kap. 5 zusammen mit der Diskussion der Gestaltungsparameterausprägungen aufgeführt sind. Die komplexesten Rückwirkungen auf die Gestaltung ergaben sich bei der Berücksichtigung der Muskelbeanspruchung und ihrer Auswirkung auf das kardiorespiratorische System. Die Muskelbeanspruchung hängt von der Art und Anzahl sowie den zeitabhängigen Veränderungen der Länge und Anspannung der beteiligten Muskeln ab. Daraus lassen sich, in Anlehnung an die zusammenfassende Diskussion des Grundlagenwissens bei Rohmert /89/, Mainzer /73/ und Martin /75/, folgende operationale Bedingungen der Muskelarbeit ableiten, die durch gestalterische Maßnahmen am Antriebssystem des GRRS im Sinne der Ziele Beanspruchungsminderung und Leistungserhöhung beeinflußt werden können:

o Krafteingriffspunkt bzw. -eingriffsbahn der wirkenden Aktionskräfte (Gelenkstellung)

o Betrag der wirkenden Aktionskräfte und deren Anteil an der Maximalkraft

o Bewegungsgeschwindigkeit (Geschwindigkeit der Muskellängenän-
   derung)
o Anteil der Manipulationskräfte
o Anteil der Haltungs- und Kopplungskräfte.

Die allgemeine Beschreibung der Abhängigkeit der Beanspruchung
und Leistung von Gestaltungszuständen des Antriebssystems am GRRS
scheitert an der Komplexität der Arbeitsbewegung und ihrer benut-
zerabhängigen Ausprägung. Darüber hinaus erlauben deduktive biomechanische Modelle zwar die Beschreibung der mechanischen Belastung beteiligter Organsysteme, die beanspruchungswirksamen physiologisch-biochemischen Vorgänge in den Beanspruchungsengpässen
können von ihnen jedoch nur ungenügend erfaßt werden. So begründet sich der hier gewählte empirisch-experimentelle Untersu-
chungsansatz aus der Komplexität der Gestaltungsaufgabe.

4.1.3 Beurteilungsgrößen

Die bei der experimentellen Untersuchung herangezogenen Beurteilungsgrößen sind in Abschn. 4.1.5, Bild 13 zusammengestellt. Die
Beschreibung der Beurteilungsgrößen in diesem Abschn. wird durch
die Darstellung der Testaufgaben in Abschn. 4.1.4 vervollstän-
digt.

Beanspruchungsgrößen

Bei energetisch-effektorischer Arbeit kann der belastungsabhängige Verlauf der Pulsfrequenz als valides Maß der Muskelbeanspruchung bzw. -ermüdung herangezogen werden (vgl. Karrasch u.a.
/54/, Rohmert /89/). Zur getrennten Betrachtung der Ermüdungs-
und Erholungsvorgänge wurden aus der Momentanpulsfrequenz der Arbeitspulsfrequenzmittelwert (APFM in min^{-1}) in der Belastungsphase und die Erholungspulssumme (EPS) in der Erholungsphase
(vgl. Müller /82/, Sieber /97/) bestimmt. Die physiologischen Beanspruchungsgrößen wurden bei dem Fahrtest (s. Abschn. 4.1.4) ermittelt.

Die belastungsabhängige Reaktion der bei energetisch-effektorischer Arbeit eingesetzten Organsysteme führt nicht nur zur Veränderung physiologischer Beanspruchungsgrößen, sondern kann auch
subjektiv erlebt werden und ist damit einer psycho-physikalischen
Skalierung zugänglich. Schmale u.a. /101/ und Borg /7/ konnten
den positiv korrelativen Zusammenhang zwischen subjektiv erlebter
Anstrengung und Belastungshöhe nachweisen.

Bei der vorliegenden Untersuchung wurde zur Ergänzung der objektiven Beanspruchungsgrößen das subjektive Beanspruchungserleben,
hier kurz als Subjektives Urteil oder Urteil bezeichnet, herangezogen. Zur Messung der subjektiven Beanspruchung wird in der Ergonomie häufig der Paarvergleich eingesetzt (vgl. Kroemer /61/,
Muntzinger /85/). Der Paarvergleich erfordert beim Bewertungsvor-
gang die bewußte Repräsentanz des Beanspruchungserlebnisses zweier Alternativen. Dies konnte bei den vorliegenden Versuchen aus
versuchsmethodischen Gründen nicht sichergestellt werden. Zur Bestimmung des Subjektiven Urteils wurde aus diesem Grunde, in Anlehnung an vorliegende Ratingskalen zur Beanspruchungsquantifi-
zierung (vgl. Schütte /104/), eine ordinalskalierte Skala mit
fünf Bewertungsstufen herangezogen. Da sie zur Beurteilung unterschiedlicher Gestaltungsparameter (s. Abschn. 4.1.1) und Bean-
spruchungsarten (s. Abschn. 4.1.2, Bild 11) eingesetzt wurde,
mußte eine allgemeine Beschreibung der Stufen, beginnend mit "ge-
ring beanspruchend" (Stufe 1) bis "hoch beanspruchend" (Stufe 5),
gewählt werden. Das Subjektive Urteil wurde bei allen Tests der
Untersuchung herangezogen.

Leistungsgrößen

Zur Quantifizierung der Leistung beim Antreiben des GRRS wurde
die in 30 Sekunden zurückgelegte Fahrstrecke in m herangezogen.
Während der ersten 70 Sekunden nach dem Beginn der Aktivität
liegt im Muskel primär eine anaerobe Energiefreisetzung vor (vgl.
Keul u.a. /55/). Somit entspricht die gewählte Leistungsgröße der
maximalen Leistung bei anaerober Muskelarbeit und berücksichtigt
damit die bei der RS-Nutzung häufig auftretende Intervallbela-
stung. Die Fahrstrecke wurde mit dem Schnellfahrtest (s. Abschn.

4.1.4) ermittelt.

Zur Operationalisierung der Leistung bei der Bremsaufgabe wurde der Bremsweg in m herangezogen. Der dazugehörige Bremstest ist in Abschn. 4.1.4 beschrieben.

Bei dem Maximalkrafttest (s. Abschn. 4.1.4) wurde die isometrische maximale Betätigungskraft in N, hier kurz als Maximalkraft bezeichnet, zur Beurteilung der Gestaltungsparameterausprägungen herangezogen. Nach den Standardisierungsvorschlägen von Kroemer /62/ und Mainzer /73/ wurde der arithmetische Mittelwert der mittleren drei Sekunden eines über fünf Sekunden erfaßten Dynamogramms als Kenngröße berechnet. Zur Reduzierung des Versuchsfehlers wurde eine Testwiederholung vorgesehen und der arithmetische Mittelwert der beiden Meßwerte berücksichtigt (vgl. Muntzinger /85/).

Aktivitätsgrößen

Zur Beschreibung der Arbeitsbewegung wurden physiologische und mechanische Aktivitätsgrößen herangezogen. Sie charakterisieren die Arbeitsbewegung bei der Erbringung der Testleistung sowie der Entstehung der Beanspruchung und können damit sowohl zur Beurteilung der Gestaltungsalternativen als auch zur Interpretation der Beanspruchungs- und Leistungsgrößen herangezogen werden. Die Aktivitätsgrößen wurden bei dem Fahrtest (s. Abschn. 4.1.4) erhoben.

Die wichtigste physiologische Aktivitätsgröße bei energetischeffektorischer Arbeit ist der Arbeitsenergieumsatz. Er stellt nach Mainzer /74/ eine summarische Beschreibungsgröße der mechanischen Aktivität bei der Muskelarbeit dar und kann immer dann herangezogen werden, wenn durch den Einsatz einer ausreichend großen Muskelgruppe seine zuverlässige Erfassung gesichert ist. Obgleich der Arbeitsenergieumsatz keine Aussage zur Erträglichkeit und damit zur Beanspruchung bei energetisch-effektorischer Arbeit macht, kann er, bei ähnlicher muskulärer Arbeit, zum Vergleich arbeitsgestalterischer Alternativen herangezogen werden (vgl. Mainzer /74/).

Bei den Versuchen wurde der Arbeitsenergieumsatzmittelwert (AEUM in kJ/min) der Belastungsphase ermittelt. Er wurde indirekt aus der Sauerstoffaufnahme bestimmt, wobei zur Ermittlung des Grundumsatzes die Berechnungsformel von Harris und Benedikt (nach Schmidtke /102/) herangezogen wurde. Die Erfassung der Sauerstoffaufnahme erfolgte nach dem Integralverfahren während der Belastungs- und Erholungsphase (s. Abschn. 4.1.4, Bild 12).

Das Verhältnis des Arbeitsenergieumsatzes zur erbrachten physikalischen Leistung kennzeichnet, in Anlehnung an den technischen Wirkungsgrad, die Effektivität der Muskelarbeit und wird Physiologischer (Netto-) Wirkungsgrad (η_N in %) genannt. Obgleich er über den Arbeitsenergieumsatz hinaus keine zusätzliche Information für den Vergleich der Gestaltungsalternativen zur Verfügung stellt, wurde er bei den Versuchen zur besseren Veranschaulichung der energetischen Effizienz der Arbeitsbewegung bestimmt.

Als mechanische Aktivitätsgrößen wurden folgende Größen aus dem Verlauf des Antriebsmoments am GR des RS-Simulators (s. Abschn. 4.2.1.2.2) berechnet:

L_H	: Länge des Hubes in m
L_{KH}	: Länge des Krafthubes in m
L_{LH}	: Länge des Leerhubes in m
R_{KH}	: Relative Länge des Krafthubes in Bezug zur Hublänge
$M_{A,MAX}$	: Maximales Antriebsmoment im Hub in Nm
$(F_{A,MAX}$	: Maximale Antriebskraft im Hub in N)
$\overline{M}_{A,KH}$	: Mittleres Antriebsmoment im Krafthub in Nm
$(\overline{F}_{A,KH}$	: Mittlere Antriebskraft im Krafthub in N)
$\overline{M}_A$	: Mittleres Antriebsmoment im Hub in Nm
$(\overline{F}_A$	: Mittlere Antriebskraft im Hub in N)
$R_{A,MAX}$	: Relative Lage des $M_{A,MAX}$ (der $F_{A,MAX}$) im Krafthub
$R_{A,KH}$	: Höhe des $\overline{M}_{A,KH}$ (der $\overline{F}_{A,KH}$) in Bezug zum $M_{A,MAX}$ (zur $F_{A,MAX}$)
f_H	: Hubfrequenz in min^{-1}
W_H	: Arbeit je Hub in J

Diese Aktivitätsgrößen beschreiben die mechanische Zustandsänderung am GR. Ihre Berechnung ist im Anhang 8.2.2 angegeben.

4.1.4 Testaufgaben

Für die Versuche wurden folgende Testaufgaben entwickelt:

1   Antriebstests
1.1   Fahrtest
1.2   Schnellfahrtest
2   Bremstest
3   Parcourstest
4   Maximalkrafttest.

Abgesehen vom Parcourstest waren alle Tests für den RS-Simulator (s. Abschn. 4.2.1) vorgesehen. Der Simulation der Fahraufgabe bei dem Fahr-, Schnellfahr- und Bremstest lag das exemplarische RS-Gesamtsystem im Anhang 8.2.1 zugrunde.

Der Fahrtest simulierte eine Antriebsaufgabe bei konstantem Fahrwiderstand und konstanter Fahrgeschwindigkeit. In Bild 12 wird dem zeitlichen Ablauf des Tests die Erfassung der Meßgrößen mit den daraus ermittelten Beurteilungsgrößen zugeordnet. In der ersten Testphase sollte die Ruhe der Versuchsperson sichergestellt werden, was mit der Ruhepulsfrequenz überprüft wurde. Die Ruhephase konnte nach Bedarf verlängert werden. Während der Leerlaufphase, in der kein Fahrwiderstand wirkte, und den ersten zwei Minuten der Belastungsphase erfolgte die Umstellung der beteiligten Organsysteme auf Arbeit (vgl. Ulmer /118/), während in der Erholungsphase ihre belastungsabhängigen Reaktionen wieder abklangen.

Der Schnellfahrtest entsprach der Beschleunigung des RS-Gesamtsystems aus der Ruhe bei konstantem Fahrwiderstand. Die Aufgabe der Versuchsperson bestand darin, in 30 Sekunden die größtmögliche Fahrstrecke zurückzulegen.

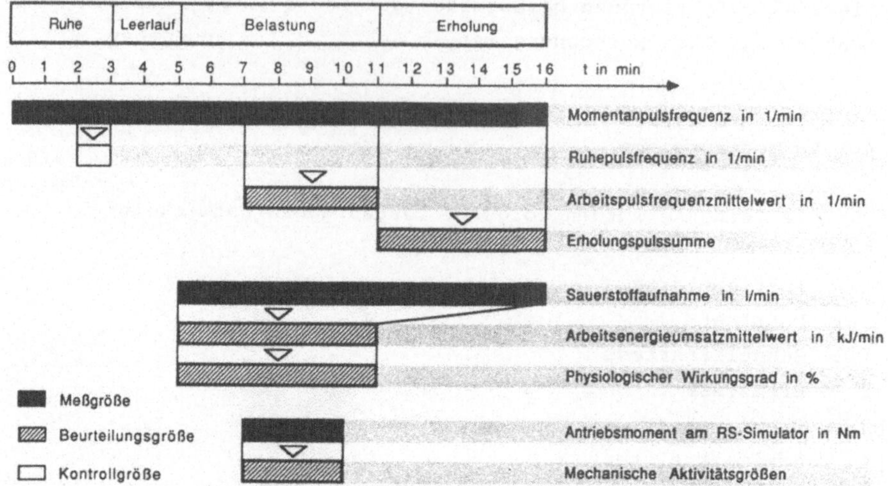

Bild 12: Ablauf des Fahrtests

Der Bremstest simulierte das Abbremsen des RS-Gesamtsystems bei
der Gefällefahrt von einer Ausgangs-Fahrgeschwindigkeit von
v = 1,94 m/s (7 km/h) bis zum Stillstand, wobei eine Höhendiffe-
renz von 1,73 m zugrundegelegt wurde. Die Aufgabe der Versuchsperson bestand darin, den geringstmöglichen Bremsweg zu erreichen.

Für den Parcourstest wurden, neben dem Antreiben und Bremsen bei
Geradeausfahrt, weitere Elemente der Fahraufgabe bei der Gerade-
aus- und Kurvenfahrt sowie dem Manövrieren (s. Abschn. 3.3.1) zu
einem Test von ca. zehn Minuten zusammengestellt. Der Parcourstest wurde in einer geräumigen Halle und im Freien durchgeführt.

Der Maximalkrafttest wurde zur Ermittlung der Maximalkraft nach
der Meßvorschrift in Abschn. 4.1.3 eingesetzt. Dabei wurde von
der Versuchsperson die isometrische Betätigungskraft auf dem RS-
Simulator in ein GR-Segment eingeleitet (s. Anhang 8.2.4, Bild
A19).

4.1.5 <u>Versuchspersonen</u>

Für die experimentellen Untersuchungen wurden 11 RS-Benutzer und 7 Nichtbehinderte als Versuchspersonen ausgewählt. Im Anhang 8.2.3, Bild A17 und A18 sind die typologischen Daten der Versuchspersonen zusammengestellt.

Zur Bestimmung der körperlichen Leistungsfähigkeit wurde die kardiopulmonale Leistungsfähigkeit anhand der Testgrößen Maximales Sauerstoffaufnahmevermögen ($\dot{V}_{O_2}$ max in l/min) und Physical Working Capacity (W_{150} in W) ermittelt. Die W_{150} entpricht der physikalischen Leistung bei einer Pulsfrequenz von 150 min^{-1}. Da keine standardisierten Verfahren zur indirekten Bestimmung des $\dot{V}_{O_2}$ max und zur Ermittlung der W_{150} bei RS-Ergometerarbeit vorliegen, wurde ein Leistungstest mit gestufter Belastung entworfen. Ausgehend von den Untersuchungen von Wahlund /121/, Mocellin u.a. /78/ und Sbresny /95/ zur Bestimmung der W_{170} wurden nach dem Leerlauf von vier Minuten Leistungsstufen von je sechs Minuten mit $\bar{P}$ = 15, 25 und 35 W vorgesehen. Aus dem Pulsfrequenzanstieg, abhängig von der Antriebsleistung, wurde die W_{150} errechnet. Das $\dot{V}_{O_2}$ max wurde indirekt durch die Extrapolation des Verlaufs der Sauerstoffaufnahme abhängig von der Pulsfrequenz bis zur altersabhängigen maximalen Pulsfrequenz nach Lange Anderson (nach Ilmarinen /50/) bestimmt. Der Leistungstest wurde von jenen Versuchspersonen durchgeführt, die an Versuchen teilnahmen, bei denen physiologische Beurteilungsgrößen ermittelt wurden.

Für die nichtbehinderten Versuchspersonen war an 3 Tagen ein Programm von jeweils 30 Minuten zur Einübung der RS-Benutzung auf dem Fahrbandergometer und im Feld vorgesehen. Nach den Untersuchungen von Lesser /67/, bei denen Aktivitätsgrößen und physiologische Beanspruchungsgrößen herangezogen wurden, sind nach diesem Zeitraum die Übungsunterschiede zwischen RS-Benutzern und Nichtbehinderten weitgehend ausgeglichen. Alle Versuchspersonen wurden vor den Versuchen einer ärztlichen Untersuchung unterzogen.

Für die Versuche wurde aus dem gesamten Versuchspersonenkollektiv primär nach versuchsorganisatorischen Gesichtspunkten das jeweilige Versuchspersonenkollektiv ausgewählt. Dabei wurde darauf geachtet, daß die RS-Benutzer überwogen. Wie die Überprüfung der Versuchsergebnisse ergab, waren zwischen den behinderten und nichtbehinderten Versuchspersonen keine Unterschiede bei der Beurteilung der gestalterischen Alternativen festzustellen.

4.1.6 Versuchspläne

Neben den Versuchsvariablen und Beurteilungsgrößen für jeweils einen Versuch (s. Abschn. 4.1.1) legte der Versuchsplan die Reihenfolge und damit die Randomisierung der Teilversuche fest. Ein Teilversuch war durch die Überprüfung einer Ausprägung des Faktors oder der Faktorkombination mit einer Versuchsperson gekennzeichnet. Zur Reduzierung des Aufwands beim Wechsel der Gestaltungsalternativen wurden in einigen Fällen teilrandomisierte Versuchspläne vorgesehen. In Bild 13 sind die Versuche der vorliegenden Untersuchung zusammengestellt.

Zur Untersuchung der Gestaltungsparametergruppen wurde jeweils eine Versuchsreihe durchgeführt. Aufgrund der großen Anzahl zu berücksichtigender Faktoren und Faktorausprägungen wurden die Versuchsreihen durch Blockbildung in Versuche mit ein bis fünf Faktoren unterteilt. Als Faktoren wurden die Gestaltungsparameter und in einigen Versuchen zusätzlich Ausprägungen der Testaufgaben und Merkmale der Versuchspersonen herangezogen. Bei der Blockbildung wurde auf eine weitgehende Unabhängigkeit der Gestaltungsparameter verschiedener Versuche geachtet. Die Reihenfolge bei der Durchführung der Versuche erlaubte, die optimale Gestaltungsparameterausprägung eines Versuchs, analog zu einem Optimierungsexperiment, beim nachfolgenden Versuch zu berücksichtigen. Den Versuchen 1.1.1 und 3.1.2 wurden vollständig und den Versuchen 1.1.2, 2.1 - 2.3 und 3.1.1 unvollständig faktorielle Versuchspläne zugrundegelegt.

	1.1.1	1.1.2	1.2	1.3	1.4	2.1-2.3	3.1.1	3.1.2	3.1.3	3.1.4	3.2	4
Versuchsreihe	1					2	3					
Versuch	1.1.1	1.1.2	1.2	1.3	1.4	2.1-2.3	3.1.1	3.1.2	3.1.3	3.1.4	3.2	4
Anzahl der Faktoren	2	2	1	1	1	2	5	3	1	1	1	1
davon Gestaltungsparameter	2	2	1	1	1	1	2	2	1	1	1	1
Beurteilungsgröße — Fahrstrecke	●	●	●	●	●						●	
Bremsweg											●	
Maximalkraft							●	●	●	●		
Arbeitspulsfrequenzmittelwert	●	●	●	●	●	●						●
Erholungspulssumme	●	●	●	●	●	●						
Subjektives Urteil	●	●	●	●	●	●	●	●	●	●	●	
Arbeitsenergieumsatzmittelwert						●						●
Physiologischer Wirkungsgrad						●						
Mechanische Aktivitätsgrößen	●	●	●	●	●	●						
Test — Fahrtest	●	●	●	●	●	●						
Schnellfahrtest	●	●	●	●	●						●	
Bremstest											●	
Maximalkrafttest							●	●	●	●		
Parcourstest											●	
Anzahl der Versuchspersonen	5	10	5	10	5	5	10	10	10	10	10	10

1	Versuchsreihe zur Untersuchung des GR-Verlaufs
1.1	Frontal- und Höhenlage des GR
1.1.1	Vorversuch
1.1.2	Hauptversuch
1.2	Seitenlage des GR
1.3	Durchmesser des GR
1.4	Schwenkung des GR
2	Versuchsreihe zur Untersuchung der Übersetzung
2.1-2.3	Übersetzung in drei Leistungsstufen
3	Versuchsreihe zur Untersuchung der Handseite des GR
3.1	Vorversuche zur Handseitengestaltung
3.1.1	Querschnittform und -abmessung
3.1.2	Handschuh und Werkstoff
3.1.3	Druckanthropomorpher Werkstoff
3.1.4	Profil
3.2	Hauptversuch zur Handseitengestaltung
4	Versuch zur Untersuchung der Manipulationsarbeit

Bild 13: Zusammenstellung der Versuche

4.1.7 Ergebnisauswertung

Anhand der bei der Versuchsdurchführung erfaßten Meßwerte wurden
die Beurteilungsgrößen (s. Abschn. 4.1.3) berechnet und statistisch ausgewertet. Die Programme zur Berechnung der Beurteilungsgrößen sind in der Programmliste im Anhang 8.2.5 enthalten.
Für die statistische Auswertung wurde vorwiegend das Programmpa-
ket Statistical Package for the Social Sciences (SPSS) eingesetzt.

Für die Stichproben der Beurteilungsgrößen wurden der arithmetische Mittelwert, die Standardabweichung und die Maximalwerte be-

rechnet. Der Vergleich der Stichprobenmittelwerte wurde mit dem Wilcoxon-Test für Paardifferenzen durchgeführt. Zur varianzanalytischen Überprüfung der Stichproben wurde die multiple Varianzanalyse eingesetzt. Bei der Korrelationsanalyse wurde der Rangkorrelationskoeffizient nach Spearman berechnet. Zur Beschreibung der Abhängigkeit der Beurteilungsgrößen von den Gestaltungsparametern wurden lineare und nichtlineare Regressionsmodelle überprüft und die entsprechenden Korrelationskoeffizienten berechnet.

Bei der Anwendung der Verfahren der deskriptiven Statistik und der Varianzanalyse wurden die Ordinaldaten, wie in der Forschungspraxis üblich und durch Simulationsstudien als zulässig nachgewiesen (vgl. Borz /8/, Faulbaum /35/), wie Intervalldaten behandelt. Für die Stichprobenanalyse wurde als niederstes Signifikanzniveau eine Irrtumswahrscheinlichkeit von 5 % ($p < 0,05$) festgelegt.

4.2 Versuchstechnik

Zur Durchführung der experimentellen Untersuchungen wurden folgende technische Entwicklungen und Anpassungen durchgeführt:

o Entwicklung eines RS-Simulators zur Simulation der Fahraufgabe und zur Erfassung sowie Auswertung der mechanischen Beurteilungsgrößen (s. Abschn. 4.1.3)

o Anpassung der ergonomischen Meßtechnik zur Erfassung der physiologischen Beurteilungsgrößen (s. Abschn. 4.1.3) und Entwicklung der Software zu deren Auswertung

o Anpassung der gerätetechnischen Einrichtung zur Durchführung der Hochgeschwindigkeits-Filmaufnahmen und Entwicklung der Software zu deren Auswertung.

4.2.1   <u>Rollstuhlsimulator</u>
4.2.1.1 <u>Anforderungen an den Rollstuhlsimulator</u>

Ausgehend von der Versuchsplanung wurden folgende allgemeine Anforderungen an den RS-Simulator abgeleitet:

o Einstellbarkeit der Ausprägungen aller Gestaltungsparameter, wobei eine isolierte und systematische Variation des zu untersuchenden Gestaltungsparameters möglich sein muß. Um einen störungsfreien Versuchsablauf sicherzustellen, müssen die Gestaltungsparameterausprägungen ohne großen zeitlichen Aufwand (maximal fünf Minuten) und ohne Behinderung der Versuchspersonen in beliebiger Reihenfolge eingestellt werden können.
o Simulation der Fahraufgabe in Form von Testaufgaben unter kontrollierbaren Bedingungen.
o Fehler- und rückwirkungsfreie Erfassung der Meßgrößen zur Berechnung der mechanischen Beurteilungsgrößen.

Zur Simulation der Arbeitsaufgabe beim Fahren mit dem GRRS sind folgende Konzepte bekannt:

o Fahrbandergometer (vgl. Lesser /67/, Engel u.a. /32/, Bennedik u.a. /2/)
o Rollenergometer (vgl. Dillmann u.a. /25/, Stamp u.a. /105/, Lundberg /72/, Thacker u.a. /116/)
o RS-Simulator mit Fahrradergometer-Kopplung (vgl. Brattgard u.a. /7/, Glaser u.a. /39/)
o RS-Simulator mit untersuchungsspezifischem Aufbau (vgl. Lesser /67/, Stamp u.a. /105/, Jarvis u.a. /52/).

Eine Diskussion der ersten drei Simulationskonzepte wird bei Dillmann u.a. /25/ und Lesser /67/ durchgeführt.

Die Analyse der bestehenden Lösungen ergab die Notwendigkeit der Neuentwicklung eines RS-Simulators, wobei auf mechanische Grundfunktionen eines bestehenden universellen Kraftmeßstandes (vgl. Muntzinger /85/) zurückgegriffen wurde.

4.2.1.2 Funktionen des Rollstuhlsimulators

Die Funktionsstruktur des RS-Simulators gliedert sich in Grundfunktionen und übergeordnete Hauptfunktionen, die, je nach den
spezifischen Erfordernissen eines Tests, verschiedene Grundfunktionen heranziehen. Die Beschreibung der Funktionen wird
durch die Blockstruktur der technischen Versuchseinrichtungen in
Bild 14 und die Darstellung des RS-Simulators in Bild 15 unterstützt. Im Anhang 8.2.5 sind die Softwareprogramme zur Versuchsdurchführung und -auswertung zusammengestellt.

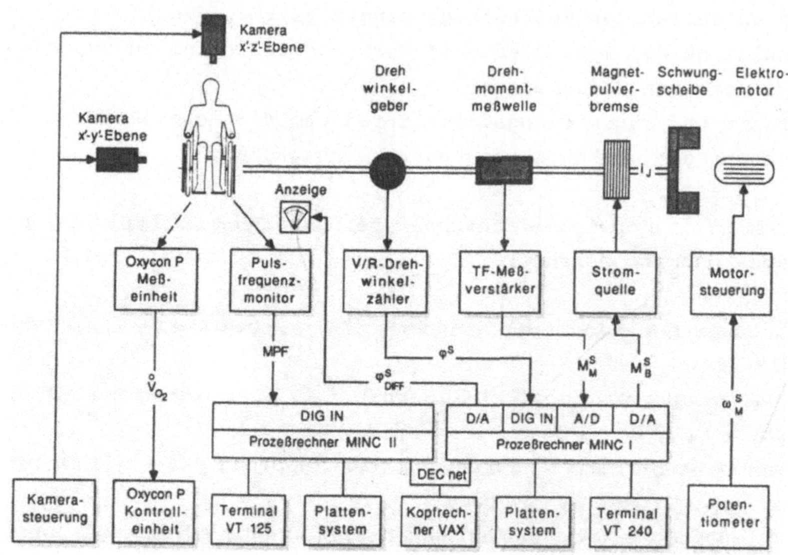

Bild 14: Blockstruktur der technischen Versuchseinrichtungen

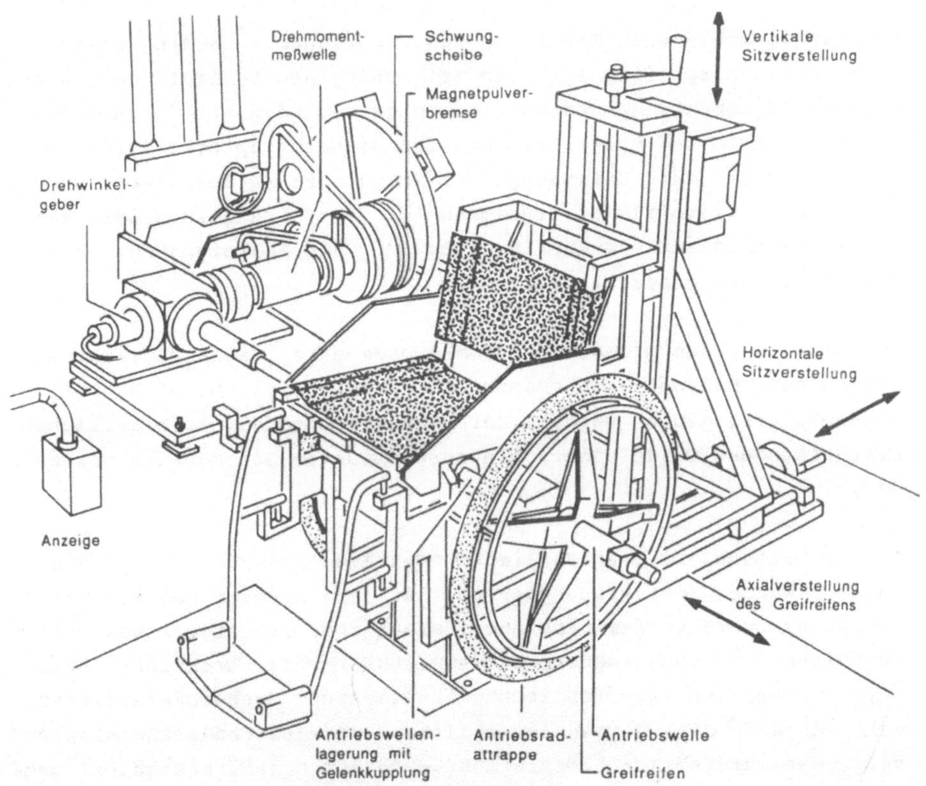

Bild 15: Rollstuhlsimulator

4.2.1.2.1 Grundfunktionen

Der Drehwinkel am RS-Simulator φ^S wurde mit dem inkrementalen Winkelgeber über den Vorwärts-Rückwärts-Drehwinkelzähler erfaßt.

Zur Bestimmung des am Simulator-GR eingeleiteten statischen oder dynamischen Antriebsmomentes M_A^S wurde mit der Drehmomentmeßwelle in Verbindung mit dem Trägerfrequenz-Meßverstärker das Meßmoment M_M^S erfaßt. Der Meßbereich der Meßwelle lag zwischen 0 und 500 Nm. Die Abtastfrequenz an der Drehmomentmeßwelle betrug 20 Hz.

Für die verschiedenen Tests und Testausprägungen wurden alternative Belastungsprofile mit dem zeitabhängigen Verlauf des Fahrwiderstandsmoments $\bar{M}_W^S$ und der Winkelgeschwindigkeit $\bar{\omega}^S$ generiert und in einer Datei verwaltet. Mit dem Belastungsprofil wurden die Meßintervalle zur Erfassung des Meßmoments M_M^S definiert. Durch das Belastungsprofil war, zusammen mit der Einstellung des Massenträgheitsmoments am RS-Simulator J^S, die Belastung bei einem Test vollständig beschrieben.

Zur Erzeugung des Bremsmomentes M_B^S wurde eine Magnetpulverbremse eingesetzt. Es konnten Bremsmomente zwischen 1,1 und 40 Nm zeitabhängig vorgegeben werden. Zur Generierung des erforderlichen Erregerstromes wurde eine spannungsgesteuerte Stromquelle verwendet.

Zur Einhaltung der erforderlichen Winkelgeschwindigkeit am RS-Simulator wurde der Versuchsperson auf der Anzeige die momentane Differenz zwischen dem aus der Testaufgabe resultierenden Solldrehwinkel und dem gemessenen Drehwinkel φ^S als Drehwinkelfehler φ_{DIFF}^S angegeben. Dadurch konnten bestehende Drehwinkeldifferenzen während der Tests ausgeglichen und eine Fehlerkummulation vermieden werden. Zur Überprüfung wurde der Drehwinkelfehler zum Zeitpunkt des Testendes im Datensatz des Teilversuchs abgespeichert.

Zur Variation des Trägheitswiderstandsmoments am Simulator-GR $\bar{M}_T^S$ konnte das Massenträgheitsmoment des RS-Simulators J^S verändert werden. Die Einstellung des Massenträgheitsmoments erfolgte durch die Veränderung der Anzahl der Schwungscheibenmassen und deren Anordnung auf der Schwungscheibe sowie unterschiedlich große Übersetzungen i_J zur Schwungscheibe. Das Massenträgheitsmoment konnte im Bereich 1,386 kgm^2 $\leq$ J^S $\leq$ 92,725 kgm^2 stufenlos variiert werden.

Für den Fremdantrieb des RS-Simulators mit der Winkelgeschwindigkeit ω_M^S war ein Elektromotor vorgesehen.

Für die Versuchspersonen wurde am RS-Simulator eine mit einem RS-Sitz vergleichbare Sitzgelegenheit vorgesehen. Zur Anpassung an die Körpermaße der Versuchsperson bot der Sitz am RS-Simulator die an einem GRRS üblichen Verstellmöglichkeiten der Sitz- und Rückenlehnenbreite, der Beinstützenlänge, der Sitzflächentiefe und der Rückenlehnenhöhe.

4.2.1.2.2 Hauptfunktionen

Einstellung der Gestaltungsparameterausprägungen

Die Variation der Gestaltungsparametergruppen GR-Verlauf und GR-Handseite wurde durch Verstellfunktionen am Sitz und an der Antriebswelle des RS-Simulators realisiert. Diese sind in Bild 15 verdeutlicht. Die Ausprägungen der Gestaltungsparameter GR-Frontal- und GR-Höhenlage wurden durch die horizontale und vertikale Verstellung des Sitzes relativ zur fest angeordneten Antriebswelle verändert. Zur Einstellung der GR-Seitenlage konnte der GR auf der Antriebswelle axial verschoben werden. Die Schwenkung des GR wurde unter Verwendung einer Gelenkkupplung durch die vertikale Schwenkung der Antriebswelle durchgeführt.

Der Gestaltungsparameter Durchmesser des GR und die Gestaltungsparameter der GR-Handseite wurden durch den Austausch von GR-Modellen variiert. Für die Aufnahme von GR-Segmenten bei dem Maximalkrafttest sowie die Einstellung der Segmentstellung und -schwenkung wurde die Vorrichtung im Anhang 8.2.4, Bild A19 vorgesehen.

Die Ausprägungen des Gestaltungsparameters Übersetzung wurden ohne Verwendung eines Getriebes durch die Variation des Fahrwiderstandsmoments $\overline{M}_W^S$ und der Winkelgeschwindigkeit $\overline{\omega}^S$ sowie des Massenträgheitsmoments J^S am RS-Simulator eingestellt.

Bei den Versuchen wurden die GR zusammen mit Antriebsradattrappen eingesetzt, um die am GRRS vorliegenden Kopplungsbedingungen zwischen Hand und GR zu gewährleisten.

Simulation der Fahraufgabe

Für die Versuche mußte die Antriebsaufgabe am GRRS durch den Schnellfahr- und Fahrtest auf dem RS-Simulator abgebildet werden. Dies erforderte gleiche Durchmesser, Antriebswiderstände und Umfangsgeschwindigkeiten an den GR des zu simulierenden GRRS und des RS-Simulators. Daraus ergaben sich für die Größen des Belastungsprofils $\overline{M}_W^S$ und $\overline{\omega}^S$ sowie das Trägheitswiderstandsmoment am RS-Simulator M_T^S die Simulationsanforderungen in den Gleichungen (9), (10) und (11).

$$\overline{F}_W^G \ D/2 \ = \ \overline{M}_W^S \tag{9}$$

$$F_{Tr}^G \ D/2 \ = \ M_T^S \tag{10}$$

$$2 \ \overline{v}^G/D \ = \ \overline{\omega}^S \tag{11}$$

Das Fahrwiderstandsmoment $\overline{M}_W^S$ ergab sich aus dem Reibungsverlustmoment M_V^S am RS-Simulator und dem Bremsmoment M_B^S. Zur Steuerung der Bremse wurde das erforderliche Fahrwiderstandsmoment $\overline{M}_W^S$ um das Reibungsverlustmoment M_V^S, das vor den Versuchen ermittelt wurde, korrigiert. Aus der vorgegebenen Winkelgeschwindigkeit $\overline{\omega}^S$ wurde durch Integration der momentane Solldrehwinkel und daraus, zusammen mit dem gemessenen Drehwinkel φ^S, der momentane Drehwinkelfehler φ_{DIFF}^S ermittelt.

Aus der Gleichsetzung der Trägheitswiderstände an den GR des zu simulierenden GRRS und des RS-Simulators ergab sich das Massenträgheitsmoment J^S des RS-Simulators nach der Gleichung (12).

$$J^S \ = \ (m \ (D^A/2)^2 + J^A + J^L \ (D^A/D^L)^2 + J^G \ (i_\omega)^2)/(i_\omega)^2 \tag{12}$$

Für die Bremsaufgabe bei der Gefällefahrt wurde zur Abbildung der potentiellen Ausgangsenergie das Massenträgheitsmoment J^S entsprechend erhöht und der RS-Simulator mit dem Fremdantrieb auf die Ausgangswinkelgeschwindigkeit beschleunigt. Während des Bremstests wird das Trägheitswiderstandsmoment M_T^S negativ und bewirkt den Antrieb des RS-Simulators, während das Reibungsverlustmoment M_V^S und das Bremsmoment der Versuchsperson verzögernd wirken.

<u>Testdurchführung</u>

Zur Durchführung der Tests standen auf den Prozeßrechnern Programme mit den Grundfunktionen Datensatzgenerierung, Datensatzkennzeichnung, Steuerung der Versuchseinrichtungen zur Testdurchführung, Datenvorauswertung, Datensatzausgabe auf dem Terminal mit manueller Datensatzerweiterung und Datensatzspeicherung zur Verfügung.

<u>Ermittlung der Beurteilungsgrößen</u>

Am RS-Simulator wurden zur Beurteilung der Gestaltungsparameterausprägungen die Leistungsgrößen und die mechanischen Aktivitätsgrößen erfaßt (s. Abschn. 4.1.3). Bei dem Schnellfahr- und Bremstest wurde anhand des Drehwinkels φ^S die während des Tests zurückgelegte Fahrstrecke ermittelt. Bei der Maximalkraftmessung wurde der RS-Simulator mechanisch blockiert und aus dem zeitabhängigen Verlauf des Meßmoments M_M^S nach der Berechnungsvorschrift in Abschn. 4.1.3 die Maximalkraft ermittelt. Beim dynamischen Betrieb mußte aufgrund der wirkenden Reibungsverlust- und Trägheitsmomente am RS-Simulator zur Bestimmung des Antriebsmomentes am Simulator-GR M_A^S das Meßmoment M_M^S korrigiert werden. Anhand des Antriebsmomentes M_A^S wurden die mechanischen Aktivitätsgrößen nach den Angaben im Anhang 8.2.2 berechnet.

4.2.1.3 <u>Simulationseinschränkungen</u>

Im Gegensatz zum realen GRRS ergeben sich am RS-Simulator folgende antriebsrelevante Abweichungen:

o Am RS-Simulator sind beide GR auf einer Antriebswelle gelagert. Dadurch entfällt nicht nur die Lenkfunktion, sondern es können auch bei der Geradeausfahrt, im Gegensatz zum GRRS, unterschiedlich große Antriebskräfte in die Simulator-GR eingeleitet werden. Dadurch wird das maximale Antriebsmoment nicht durch das leistungsschwächere Hand-Arm-System bestimmt.

o Am RS-Simulator wird die wirkende Antriebs- bzw. Bremskraft nicht durch das Durchrutschen des Antriebsrades und das Kippen des RS um die Antriebsachse begrenzt (s. Anhang 8.1.3.2).

o Am RS-Simulator kann das Zurückrollen im Leerhub nicht abgebildet werden. Bei der Simulation der Fahraufgabe darf die Winkelgeschwindigkeit des RS-Simulators deshalb nicht auf Null absinken.

o Am RS-Simulator liegt, im Gegensatz zur Realität, ein mittlerer Fahrwiderstand im Hub vor. Im realen RS-Gesamtsystem ergibt sich eine leichte Schwankung des Fahrwiderstandes im Hub durch die Verlagerung des Schwerpunktes des RS-Benutzers.

o Am RS-Simulator wird die Trägheitswiderstandskomponente des Antriebswiderstandes am GR isomorph abgebildet, während die Trägheitskräfte am RS-Benutzer und RS nicht vorliegen. Dadurch wird neben dem dynamischen Fahrverhalten des RS-Gesamtsystems (Bsp.: Kippverhalten) das subjektive Fahrempfinden des RS-Benutzers beeinträchtigt.

Die Abweichungen gegenüber dem realen GRRS schränkten die Generalisierbarkeit der Versuchsergebnisse nur unwesentlich ein, da die zentrale Anforderung nach der isomorphen Abbildung des Antriebswiderstandes am GR des RS-Simulators erfüllt ist.

4.2.2 Erfassung der Sauerstoffaufnahme und des Elektrokardiogramms

Zur kontinuierlichen Erfassung der Sauerstoffaufnahme und des Atemvolumens wurde das offene Atemgassystem Oxycon-P eingesetzt. Die Exspirationsluft wurde über eine Atemmaske der Meßeinheit zugeführt, mit deren Gasuhr das Atemvolumen und mit deren Sauerstoffanalysator die Sauerstoffaufnahme bestimmt wurden. Das Atemvolumen wurde in der Kontrolleinheit auf BTPS-Bedingungen (Body Temperature Pressure Saturated) und die Sauerstoffaufnahme auf STPD-Bedingungen (Standard Temperature Pressure Dry) umgerechnet und als Minutenwerte digital angezeigt. Das Atemminutenvolumen

diente als Kontrollgröße, während die Sauerstoffaufnahme manuell
in den Datensatz des Teilversuchs übernommen wurde.

Das an der Brustwand der Versuchsperson abgeleitete Elektrokar-
diogramm-Analogsignal wurde zur Kontrolle auf dem Pulsfrequenzmo-
nitor angezeigt und ein digitaler Triggerimpuls zur Systolenkenn-
zeichnung an den Prozeßrechner weitergeleitet. Der Prozeßrechner
berechnete die zeitabhängige Momentanpulsfrequenz zur Abspeiche-
rung im Datensatz des Teilversuchs. Am Prozeßrechnerterminal
konnten zur Kontrolle Zwischenauswertungen vorgenommen werden.
Die Auswertung der Momentanpulsfrequenz sah nach der Artefakten-
bereinigung eine Analyse des Pulsfrequenzverlaufs nach Pulsfre-
quenzmittelwerten, Arbeitspulsfrequenzmittelwerten, Pulssummen,
Arbeitspulssummen und Pulsfrequenzanstiegen für beliebig wählbare
Minutenintervalle im Beobachtungszeitraum vor.

4.2.3 Durchführung und Auswertung der Hochgeschwindigkeits-Filmaufnahmen

Die Hochgeschwindigkeits-Filmaufnahmen wurden zur Analyse der Bewegung des Hand-Arm-Systems beim Antreiben des GRRS eingesetzt.
Dazu wurde der Verlauf von fünf Körperpunkten (s. Abschn.
3.4.1.1, Bild 2), die zuvor am Hand-Arm-System des Probanden gekennzeichnet wurden, in zwei Ebenen filmisch dokumentiert. Anhand
der Einzelbilder der Filme wurden mit Hilfe einer Auswerteeinheit
die Raumkoordinaten der Körperpunkte manuell bestimmt. Zusammen
mit der Bildfrequenz bei der Filmaufnahme konnten rechnergestützt
geometrische und kinematische Größen zur Beschreibung der Bewegung des Hand-Arm-Systems im Raum berechnet werden (s. Anhang
8.1.4.1).

5   EXPERIMENTELLE UNTERSUCHUNGEN

5.1 Gestaltung des Greifreifenverlaufs

Der GR dient zur Einleitung der Antriebskraft und deren Übertragung auf das Antriebsrad. GR und Antriebsrad bilden bei den handelsüblichen GRRS eine konstruktive Einheit. Die Festlegung der
Gestaltungsparameter des GR-Verlaufs und deren Ausprägungen sowie
die Diskussion der Versuchsergebnisse erfolgten unter dieser Prämisse. Eine Lösung von dieser Einschränkung eröffnet zwar weitere
Gestaltungsmöglichkeiten, macht jedoch konstruktive Änderungen
des Antriebssystems erforderlich, die anderen Zielen der GRRS-Gestaltung, wie Gewichtsreduzierung und Erhöhung des technischen
Wirkungsgrades, entgegenstehen.

5.1.1 Arbeitshypothesen

Den gestalterischen Maßnahmen zum Verlauf des GR lag die Arbeitshypothese zugrunde, daß die Beanspruchung in den Engpässen

o Beanspruchung des kardiorespiratorischen Systems durch
   Muskelarbeit,
o Beanspruchung lokaler Muskelgruppen des Hand-Arm-Systems und
o Beanspruchung der Gelenke und Bänder des Hand-Arm-Systems
   durch mechanische Belastung

mit durch den Verlauf der Krafteingriffsbahn, der Bahn also, auf
der die Antriebskraft in den GR eingeleitet wird, determiniert
ist. Der Verlauf der Krafteingriffsbahn wird vor allem durch den
GR-Verlauf festgelegt. Daneben liegen Einflüsse des RS-Benutzers,
wie z.B. Körpermaße und Arbeitsmethode, der RS-Gestaltung, wie
z.B. Gestaltung der Armlehne und GR-Handseite, und der Fahraufgabe vor.

Die bei der Untersuchung berücksichtigten Gestaltungsparameter
des GR-Verlaufs sind in Abschn. 4.1.1, Bild 10 zusammengestellt.
Mit ihnen sind alle konstruktiven Möglichkeiten zur Gestaltung
des GR-Verlaufs am GRRS unter der eingangs formulierten Prämisse

berücksichtigt. Der Festlegung der Gestaltungsparameterausprägungen lagen folgende zentrale Arbeitshypothesen zugrunde, deren Postulate sich auf den GR-Verlauf am Universal-RS im Istzustand (s. Abschn. 3.2.2) beziehen:

o Durch eine Vergrößerung der Frontallage und eine Verringerung der Höhenlage des GR sowie eine Vergrößerung des GR-Durchmessers wird die Krafthublänge L_{KH} vergrößert und damit nach der Gleichung (8) (s. Abschn. 3.4.1.1) die Hubfrequenz f_H reduziert. Nach den Versuchsergebnissen in Abschn. 3.4.2, Bild 4 wird dadurch die Manipulationsarbeit und damit die Muskelbeanspruchung gesenkt.

o Durch eine Vergrößerung der Frontallage und eine Verringerung der Seiten- und Höhenlage des GR werden die biomechanischen Bedingungen, unter denen die Antriebskraft aufgebracht wird (s. Abschn. 4.1.2), verbessert und damit die Muskelbeanspruchung reduziert.

o Die Beanspruchung in den oben genannten Beanspruchungsengpässen ist von einer Schwenkung des GR unabhängig.

5.1.2 Versuchsplanung

Bei der Untersuchung des GR-Verlaufs wurde der Fahr- und Schnellfahrtest (s. Abschn. 4.1.4) auf dem RS-Simulator (s. Abschn. 4.2.1) durchgeführt. Zur Beurteilung der alternativen Gestaltungsparameterausprägungen wurden als Leistungsgröße die Fahrstrecke und als Beanspruchungsgrößen die Arbeitspulsfrequenz, die Erholungspulssumme und das Subjektive Urteil herangezogen (s. Abschn. 4.1.3). Daneben wurden die mechanischen Aktivitätsgrößen erfaßt (s. Abschn. 4.1.3).

Bei dem Fahrtest wurde die Fahrgeschwindigkeit $\bar{v}$ = 1,1 m/s (4 km/h) festgelegt und der Fahrwiderstand in den Stufen $\bar{F}_W$ = 18, 27 und 36 N der kardiopulmonalen Leistungsfähigkeit der Versuchspersonen angepaßt. Die versuchspersonenspezifischen Antriebsleistungen $\bar{P}$ = 20, 30 und 40 W wurden, angesichts des heterogenen Versuchspersonenkollektivs, zur Minderung der Meßwertstreuung bei

den Beurteilungsgrößen gewählt. Sie stellten bei allen Versuchspersonen eine submaximale Belastung sicher, die zu einer Beanspruchung nahe oder über der Dauerleistungsgrenze führte. Dem Bezug der versuchspersonenspezifischen Belastung auf die beim Leistungstest ermittelte körperliche Leistungsfähigkeit (s.
Abschn. 4.1.5) wurde dem in der Arbeitsphysiologie üblichen Bezug
auf das Körpergewicht der Vorzug gegeben. Dem Schnellfahrtest
lagen in entsprechender Weise die Fahrwiderstände $\bar{F}_W$ = 26,6, 40
und 53,3 N zugrunde.

Die Gestaltungsparameter des GR-Verlaufs wurden bei den Versuchen
isoliert variiert. Bei der Simulation der Fahraufgabe wurde von
der Übersetzung i_v = i_d = 0,86 ausgegangen und ein Stahl-GR mit
einem Querschnittdurchmesser von 30 mm verwendet. Der Bedeutung
der Gestaltungsparameter für die RS-Versorgung entsprechend, wurden die Versuche mit 5 oder 10 Versuchspersonen durchgeführt.

Bei dem Faktorversuch zur Untersuchung der Frontal- und Höhenlage
des GR wurden neun Positionen des GR-Scheitelpunktes berücksichtigt. Um Ermüdungseinflüsse auszuschließen, wurden für die Teilversuche zwei Versuchstage vorgesehen. Da sich die Tagesdisposi-
tion der Versuchspersonen als wesentliche Streuungsursache bei
den Beurteilungsgrößen erwies, wurde der Versuch in einen Vorversuch mit 5 und einen Hauptversuch mit 10 Versuchspersonen getrennt. Der Hauptversuch war auf fünf Positionen des GR-Scheitelpunktes beschränkt, die ausgehend von den Ergebnissen des Vorversuchs ausgewählt wurden.

5.1.3   <u>Versuche zum Greifreifenverlauf</u>
5.1.3.1   <u>Frontal- und Höhenlage des Greifreifens</u>
5.1.3.1.1 <u>Ausprägungen der Gestaltungsparameter</u>

In Bild 16 sind die alternativen Gestaltungsparameterausprägungen
des Hauptversuchs zusammengestellt. Bei dem Versuch werden die
Frontal- und Höhenlage des GR unter dem Gesichtspunkt der bean-
spruchungs- und leistungswirksamen Veränderung der Arbeitsbewegung untersucht. Die Definition der Frontal- und Höhenlage des GR

erlaubt die Beschreibung der GR-Anordnung in einer Sagittalebene des Körpers unabhängig von der Körperhaltung, die insbesondere durch die konstruktiven Parameter des RS-Sitzes bestimmt wird, den Körpermaßen und dem GR-Durchmesser relativ zum Hand-Arm-System des RS-Benutzers. Dies gewährleistet, im Gegensatz zu den zurückliegenden Untersuchungen (s. Abschn. 3.6.2.1), bei dem Versuch vergleichbare biomechanische Bedingungen bezüglich der Erreichbarkeit des GR für alle Versuchspersonen und eine einfache Übertragung der Versuchsergebnisse auf die spezifischen Anwendungsfälle der RS-Versorgung. Die geringen Abstände unter den alternativen Gestaltungsparameterausprägungen in Bild 16 erlauben gegenüber den bisherigen Untersuchungen (s. Abschn. 3.6.2.1, Bild 7) eine genauere Aussage zur Optimallage des GR, erschweren jedoch auch die Differenzierung der Alternativen anhand der Beurteilunsgrößen.

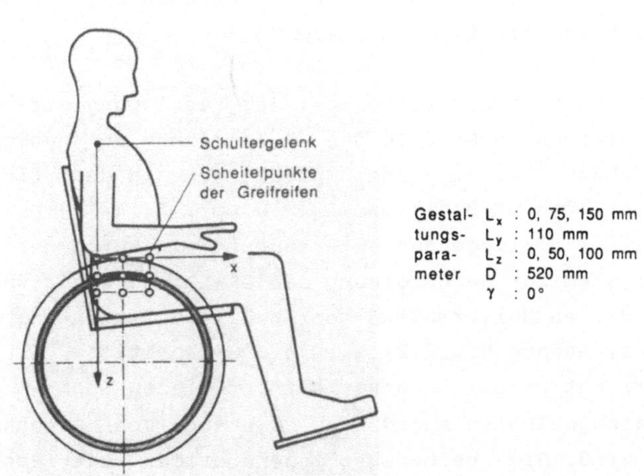

Bild 16: Ausprägungen der Gestaltungsparameter Frontal- und Höhenlage des GR

Wird die konstruktive Einheit von Antriebsrad und GR beibehalten, ergibt sich durch eine Variation der Frontal- und Höhenlage des GR auch eine Änderung der Antriebsradposition. Durch die Anordnung des Antriebsrades werden die Lagen der Antriebs- und Dreh-

achse (s. Anhang 8.1.3.1, Bild A4) relativ zum Schwerpunkt des
RS-Gesamtsystems festgelegt und damit folgende wichtige Eigenschaften des GRRS beeinflußt:

o Dreheigenschaften durch die Massenverteilung um die Drehachse
  (vgl. Strohkendl /115/)
o Kippeigenschafen nach hinten durch die Massenverteilung um die
  Antriebsachse (s. Anhang 8.1.3.2)
o Rollwiderstand durch die Verteilung der Normalkraft des RS-
  Gesamtsystems auf die Antriebs- und Schwenkräder (s. Anhang
  8.1.3.1, Bild A4).

Darüber hinaus werden mit der Achsposition des Antriebsrades die
Baulänge des GRRS, die Sitzneigung und die Bodenfreiheit der
Beinstützen verändert. Diese Einflüsse auf wesentliche RS-Eigenschaften sind bei der Festlegung der Gestaltungsparameterausprägungen und der Übertragung der Versuchsergebnisse auf die RS-Versorgung zu berücksichtigen.

Neben diesen Einflüssen wurden bei der Festlegung der alternativen GR-Positionen in Bild 16 die GR-Anordnung an handelsüblichen
GRRS (s. Anhang 8.1.2.2) und Empfehlungen in der Literatur berücksichtigt. Die GR-Position ($L_X = 0$ mm , $L_Z = 100$ mm) kann, obgleich bei der vorliegenden Untersuchung ein körperbezogenes Koordinatensystem zur Beschreibung der GR-Lage gewählt wurde, annähernd als der an Universal-RS gebräuchliche Istzustand bezeichnet
werden (s. Anhang 8.1.2.2). Die GR-Position ($L_X = 75$ mm ,
$L_Z = 50$ mm) entspricht in etwa der von vielen Sport- und Aktiv-
RS-Benutzern gewählten Anordnung, die auch von Strohkendl /115/
empfohlen wird. Sie verbessert gegenüber der Antriebsradlage am
Universal-RS die Manövrierfähigkeit und erleichtert die Sonderfunktionen des GRRS.

5.1.3.1.2 Versuchsergebnisse

Vorversuch

In Bild 17 sind die Mittelwerte der Beurteilungsgrößen den alternativen GR-Positionen zugeordnet. Anhand der varianzanalytischen Überprüfung der Mittelwerte konnte nur für die Fahrstrecke ($p < 0{,}001$) und das Subjektive Urteil ($p < 0{,}05$) eine signifikante Abhängigkeit von den Gestaltungsparametern nachgewiesen werden. Dies erlaubt, die Versuchsergebnisse weitgehend unabhängig von den physiologischen Beanspruchungsgrößen zu diskutieren.

Beurteilungsgröße $\quad L_x$ /mm $\quad L_z$ /mm	0 / 0	0 / 50	0 / 100	75 / 0	75 / 50	75 / 100	150 / 0	150 / 50	150 / 100
Fahrstrecke in m	45,7 (5)	45,1 (6)	40,3 (9)	48,1 (3)	48,5 (1)	43,8 (7)	48,5 (1)	46,0 (4)	41,5 (8)
APFM/(1/min)	46,0 (7)	46,8 (9)	44,9 (4)	44,8 (3)	42,6 (1)	43,1 (2)	45,1 (6)	45,0 (5)	46,3 (8)
EPS	93,6 (5)	95,4 (7)	97,7 (8)	91,6 (4)	85,1 (1)	89,1 (3)	88,9 (2)	93,7 (6)	100,1 (9)
Urteil	3,8 (9)	3,3 (7)	3,3 (7)	2,7 (3)	2,4 (2)	2,8 (5)	2,7 (3)	2,0 (1)	3,0 (6)

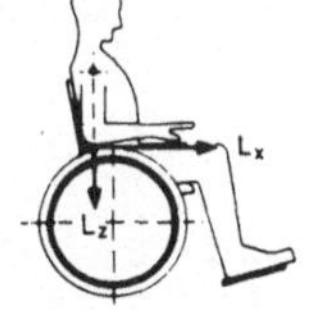

n : 5

Gestaltungsparameter
L_x : variabel
L_y : 110 mm
L_z : variabel
D : 520 mm
γ : 0°

APFM : Arbeitspulsfrequenzmittelwert
EPS : Erholungspulssumme

Bild 17: Beurteilungsgrößen in Abhängigkeit von der Frontal- und Höhenlage des GR im Vorversuch

Als ungünstig muß die GR-Lage ($L_x = 0$ mm , $L_z = 100$ mm), die annähernd dem Istzustand entspricht, als gut dagegen können die GR-Positionen ($L_x = 75$ mm , $L_z = 50$ mm) und ($L_x = 150$ mm , $L_z = 0$ mm) beurteilt werden. Diese kurze Zusammenfassung der Versuchsergebnisse wird auch durch den Mittelwertvergleich für die Leistungsgröße in Bild 18 bestätigt, der zwischen diesen Alternativen eine signifikante Differenz ($p < 0{,}05$) von 20,3 % ausweist. Der Mittelwertvergleich des Subjektiven Urteils im Anhang 8.3.1, Bild A20 zeigt eine Differenz von 0,9 bzw. 0,6 Bewertungsstufen.

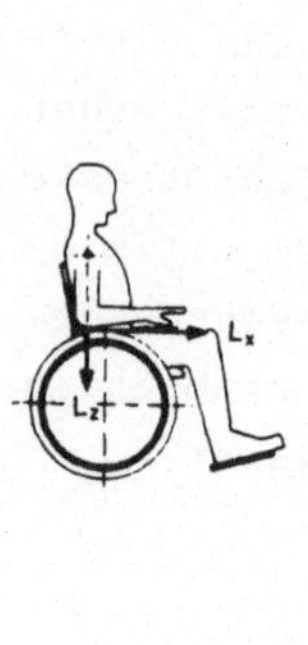

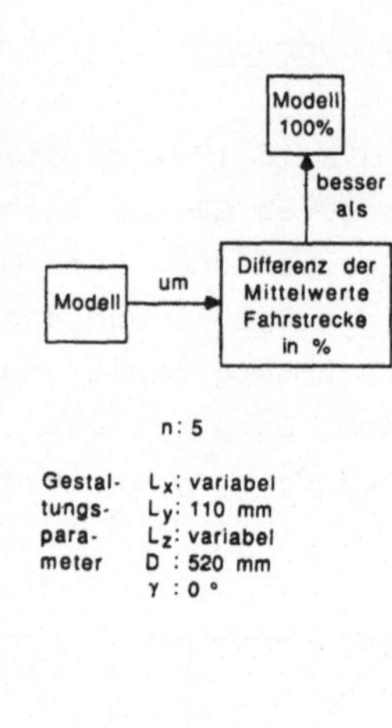

Fahrstrecke	m	45,7	45,1	40,3	48,1	48,5	43,8	48,5	46,0	41,5
	Rang	5	6	9	3	1	7	1	4	8
L_x/mm		0	0	0	75	75	75	150	150	150
	L_z/mm	0	50	100	0	50	100	0	50	100
0	0		1,3	13,4			4,3			10,1
0	50			11,9			3,0			8,7
0	100									
75	0	5,3	6,7	19,4			9,8		4,6	15,9
75	50	6,1	7,5	20,3	0,8		10,7		5,4	16,9
75	100			8,7						5,5
150	0	6,1	7,5	20,3	0,8		10,7		5,4	16,9
150	50	0,7	2,0	14,1			5,0			10,8
150	100			3,0						

Bild 18: Fahrstrecke in Abhängigkeit von der Frontal- und Höhenlage des GR im Vorversuch; Mittelwertvergleich

Weitere Hinweise zur optimalen Frontal- und Höhenlage des GR sind bei einer getrennten Betrachtung der Gestaltungsparameter anhand der Mittelwerte aller Ausprägungen des jeweils anderen Gestaltungsparameters zu erwarten. Die Bilder 19 und 20 zeigen die Ergebnisse einer entsprechenden Regressionsanalyse. Bei der GR-Frontallage werden, wie das Bild 19 zeigt, mit den GR-Positionen um L_x = 89 mm die größten Fahrstrecken erreicht und die GR-Lagen um L_x = 118 mm weisen die besten Subjektiven Urteile auf. Die Fahrstrecke in Bild 20 fällt mit zunehmender GR-Höhenlage, während die GR-Positionen um L_z = 51 mm am besten subjektiv beurteilt werden. Im Anhang 8.3.1, Bild A21, A22, A23 und A24 sind die Mittelwertvergleiche der Fahrstrecke und des Subjektiven Urteils bei getrennter Betrachtung der Gestaltungsparameter zusammengestellt.

Ausgehend von den Mittelwerten der Beurteilungsgrößen Fahrstrecke und Subjektives Urteil wurden für den Hauptversuch die GR-Positionen (L_x = 75 mm , L_z = 50 mm), (L_x = 75 mm , L_z = 0 mm) und

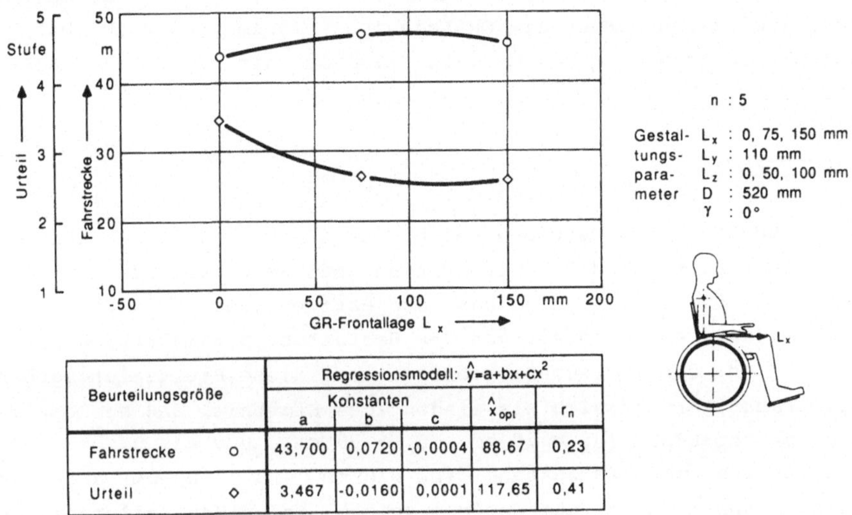

| Beurteilungsgröße | Regressionsmodell: $\hat{y}=a+bx+cx^2$ | | | | |
| | Konstanten | | | $\hat{x}_{opt}$ | r_n |
	a	b	c		
Fahrstrecke ○	43,700	0,0720	-0,0004	88,67	0,23
Urteil ◇	3,467	-0,0160	0,0001	117,65	0,41

Bild 19: Fahrstrecke und Subjektives Urteil in Abhängigkeit von der Frontallage des GR

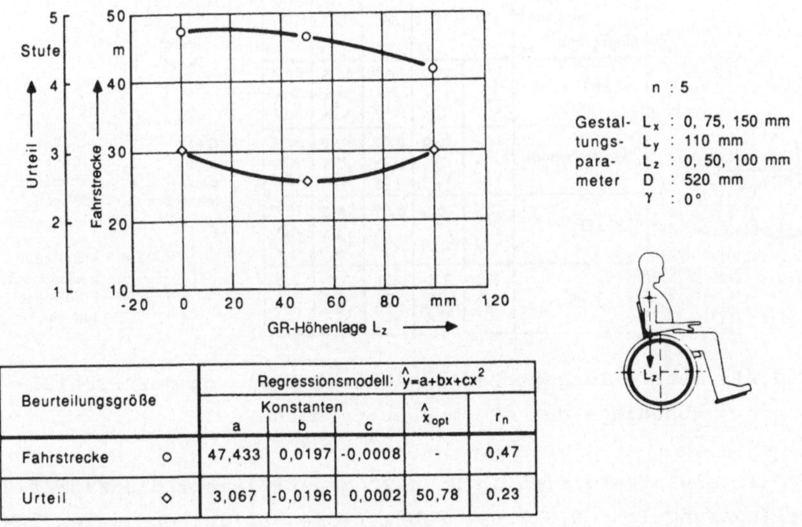

| Beurteilungsgröße | Regressionsmodell: $\hat{y}=a+bx+cx^2$ | | | | |
| | Konstanten | | | $\hat{x}_{opt}$ | r_n |
	a	b	c		
Fahrstrecke ○	47,433	0,0197	-0,0008	-	0,47
Urteil ◇	3,067	-0,0196	0,0002	50,78	0,23

Bild 20: Fahrstrecke und Subjektives Urteil in Abhängigkeit von der Höhenlage des GR

(L_x = 150 mm , L_z = 0 mm) als günstigste Alternativen herangezogen. Zusätzlich wurden die GR-Lage (L_x = 75 mm , L_z = 100 mm) und die GR-Position (L_x = 0 mm , L_z = 100 mm) als Istzustand ausgewählt.

Hauptversuch

Beim Hauptversuch ergaben sich für die Beurteilungsgrößen die Mittelwerte in Bild 21. Die Varianzanalyse ergab für die Fahrstrecke (p < 0,001) und das Subjektive Urteil (p < 0,05) eine signifikante Abhängigkeit von den Gestaltungsparametern. Wird die Diskussion der Versuchsergebnisse auf diese Beurteilungsgrößen beschränkt, ergibt sich als eindeutiges Ergebnis, daß als optimal die GR-Position (L_x = 75 mm , L_z = 50 mm) und als ungünstigste Alternative der Istzustand (L_x = 0 mm , L_z = 100 mm) angegeben werden können. Nach dem Optimum weisen beide Beurteilungsgrößen für die oberen GR-Positionen (L_x = 75 mm , L_z = 0 mm) und (L_x = 150 mm , L_z = 0 mm) die nächstgünstigeren Mittelwerte auf.

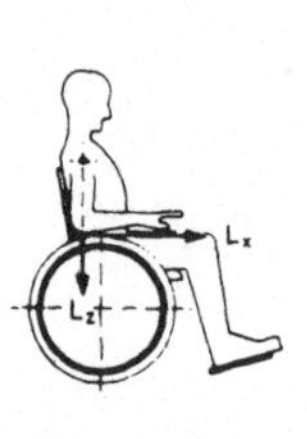

Beurteilungsgröße	L_x/mm: 0 L_z/mm: 100	L_x/mm: 75 L_z/mm: 0	L_x/mm: 75 L_z/mm: 50	L_x/mm: 75 L_z/mm: 100	L_x/mm: 150 L_z/mm: 0
Fahrstrecke in m	47,6 (5)	56,0 (2)	56,2 (1)	51,5 (4)	55,4 (3)
APFM/(1/min)	38,3 (4)	39,0 (5)	37,3 (2)	36,0 (1)	37,5 (3)
EPS	82,1 (4)	78,9 (3)	82,7 (5)	76,8 (1)	78,6 (2)
Urteil	3,8 (5)	2,6 (2)	2,3 (1)	3,1 (4)	2,6 (2)

n : 10

Gestaltungsparameter
L_x : variabel
L_y : 110 mm
L_z : variabel
D : 520 mm
γ : 0°

APFM : Arbeitspulsfrequenzmittelwert
EPS : Erholungspulssumme

Bild 21: Beurteilungsgrößen in Abhängigkeit von der Frontal- und Höhenlage des GR im Hauptversuch

Der Mittelwertvergleich in Bild 22 quantifiziert die signifikante Verlängerung (p < 0,01) der Fahrstrecke bei der optimalen GR-Position (L_x = 75 mm , L_z = 50 mm) gegenüber dem Istzustand (L_x = 0 mm , L_z = 100 mm) mit 18,1 %. Der Mittelwertvergleich für das

Subjektive Urteil im Anhang 8.3.1, Bild A25 ergibt für die gleichen Alternativen eine signifikante Differenz ($p < 0{,}05$) von 1,5
Bewertungsstufen.

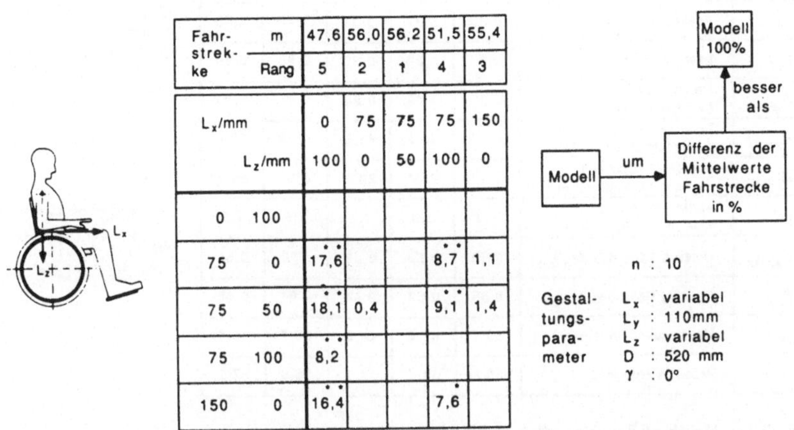

Fahr-strecke		m	47,6	56,0	56,2	51,5	55,4
		Rang	5	2	1	4	3
L_x/mm			0	75	75	75	150
	L_z/mm		100	0	50	100	0
0	100						
75	0		17,6			8,7	1,1
75	50		18,1	0,4		9,1	1,4
75	100		8,2				
150	0		16,4			7,6	

Bild 22: Fahrstrecke in Abhängigkeit von der Frontal- und Höhenlage des GR im Hauptversuch; Mittelwertvergleich

Eine Interpretation der Ergebnisse für die Leistungs- und Beanspruchungsgrößen in Bild 21 ist anhand der mechanischen Aktivitätsgrößen in Bild 23 nur in Ansätzen möglich. Die größten Kraft-
hublängen L_{KH} wurden mit den oberen GR-Positionen (L_x = 75 mm ,
L_z = 0 mm) und (L_x = 150 mm , L_z = 0 mm) erreicht. Bei konstanter
Antriebsleistung für alle Gestaltungsalternativen nutzten die
Versuchspersonen diesen gestalterischen Vorteil nach der Gleichung (8) (s. Abschn. 3.4.1.1) nicht nur zur Senkung der Hubfrequenz f_H, sondern auch zur Reduzierung des Mittleren Antriebsmoments im Krafthub $\bar{M}_{A,KH}$. Die unwesentlich gesenkte Hubfrequenz
führt nicht zur Senkung der physiologischen Beanspruchungsgrößen.
Offenbar wirken den positiven Effekten einer niedrigeren Hubfrequenz negative aufgrund einer ungünstigeren Lage der Krafteingriffsbahn entgegen, so daß sich deren Einflüsse auf die Manipulationsarbeit ausgleichen. Der Mittelwertvergleich der mechanischen Aktivitätsgrößen L_{KH}, $\bar{M}_{A,KH}$ und f_H ist im Anhang 8.3.1,
Bild A26, A27 und A28 zusammengestellt.

Beurtei- lungsgröße	L_x /mm L_z /mm	0 100	75 0	75 50	75 100	150 0
L_H	Hublänge in m	1,17	1,26	1,23	1,18	1,21
L_{KH}	Krafthublänge in m	0,30	0,37	0,34	0,30	0,36
L_{LH}	Leerhublänge in m	0,87	0,89	0,90	0,88	0,85
R_{KH}	Relative Länge des Krafthubes	0,25	0,29	0,28	0,26	0,30
$M_{A,MAX}$	Maximales Antriebsmoment in Nm	44,7	40,2	41,5	43,9	37,6
$\bar{M}_{A,KH}$	Mittleres Antriebsmoment im Krafthub in Nm	31,7	27,1	29,1	31,1	26,5
$\bar{M}_A$	Mittleres Antriebsmoment im Hub in Nm	7,9	7,9	7,9	7,9	7,9
$R_{A,MAX}$	Relative Lage des $M_{A,MAX}$	0,50	0,50	0,48	052	0,51
$R_{A,KH}$	Relative Höhe des $\bar{M}_{A,KH}$	0,65	0,63	0,64	0,64	0,66
f_H	Hubfrequenz in 1/min	50,7	47,9	48,5	50,7	48,4
W_H	Arbeit je Hub in J	35,5	38,4	37,7	35,6	37,2

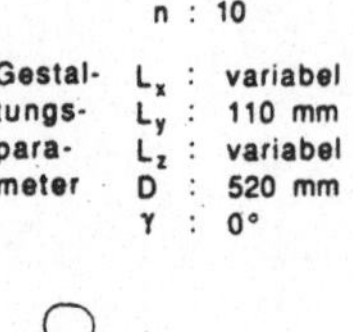

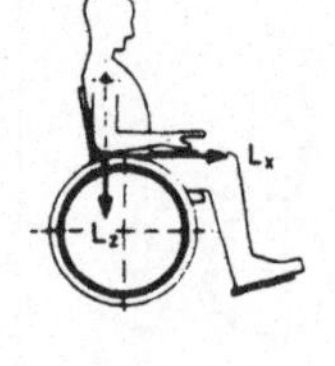

Bild 23: Mechanische Aktivitätsgrößen in Abhängigkeit von der
Frontal- und Höhenlage des GR

Im Anhang 8.3.1, Bild A29 sind die Korrelationen unter den Beurteilungsgrößen wiedergegeben. Während die physiologischen Beanspruchungsgrößen untereinander signifikant korrelieren (p < 0,001), konnte zwischen diesen und der subjektiven Beanspruchungsgröße jedoch kein korrelativer Zusammenhang gesichert werden. Die Leistungsgröße korreliert dagegen signifikant (p < 0,05 bzw. p < 0,01) mit allen Beanspruchungsgrößen. Der oben aufgezeigte Zusammenhang unter den mechanischen Aktivitätsgrößen zeigte sich auch bei der Korrelationsanalyse.

5.1.3.1.3 Diskussion der Versuchsergebnisse

Das Bild 24 stellt die bei dem Versuch ermittelte optimale GR-Lage (L_x = 75 mm , L_z = 50 mm) den optimalen GR-Achspositionen der zurückliegenden in Abschn. 3.6.2.1 beschriebenen Untersuchungen und den möglichen Antriebsrad-Achspositionen an ausgewählten handelsüblichen GRRS (s. Anhang 8.1.2.2) gegenüber. Für den Vergleich muß die optimale GR-Lage der vorliegenden Untersuchung, unter Berücksichtigung des GR-Durchmessers, der Körperhaltung und der Körpermaße, durch die Position der GR-Achse relativ zum Sitzreferenzpunkt B angegeben werden. Der graphischen Darstellung wurden die Angaben nach DIN 33 416 /27/ zugrundegelegt. Es ergibt sich, unter Berücksichtigung der Körpermaße von Frauen und Männern zwischen dem 5. und 95. Perzentil, der in Bild 24 angegebene Bereich optimaler GR-Achspositionen. Es sei jedoch darauf verwiesen, daß damit die größere Streuung der Körpermaße bei RS-Benutzern gegenüber Nichtbehinderten nicht berücksichtigt ist.

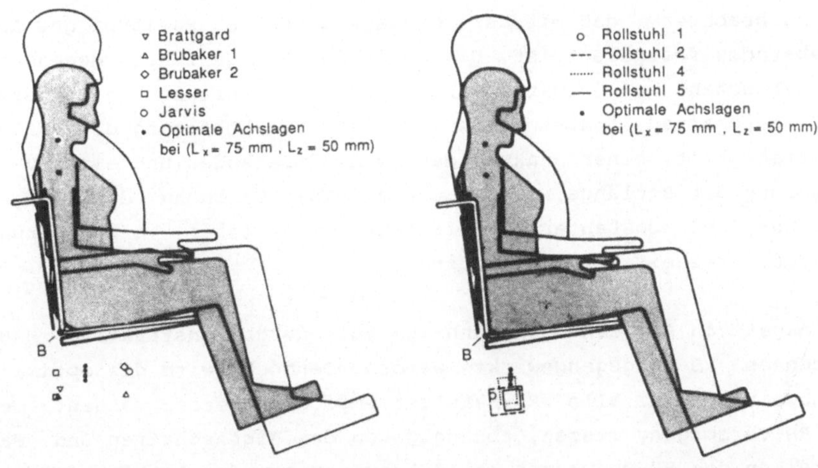

Bild 24: Vergleich der optimalen GR-Lage (L_x = 75 mm , L_z = 50 mm) mit den Optima zurückliegender Untersuchungen (links) (vgl. Brattgard u.a. /9/, Brubaker u.a. /11,13/, Jarvis u.a. /52/, Lesser /67/) und dem Bereich möglicher Achsaufnahmen für das Antriebsrad an handelsüblichen GRRS (rechts)

Beim Vergleich der optimalen GR-Achspositionen der vorliegenden Untersuchung mit den Optima zurückliegender Untersuchungen sind erhebliche Differenzen festzustellen. Sie können auf die kleinere Stufung der Gestaltungsparameterausprägungen bei der vorliegenden Untersuchung aber auch auf die ungenügende Verifizierung der Op-

tima bei den zurückliegenden Untersuchungen zurückgeführt werden
(s. Abschn. 3.6.2.1). Der Vergleich mit den Bereichen alternativer Achsaufnahmen für das Antriebsrad an handelsüblichen GRRS
(s. Anhang 8.1.2.2) zeigt, daß die optimalen GR-Achslagen nur an
einem Aktiv-RS zum Teil realisiert werden können und die einzige
Achsaufnahme des Universal-RS erheblich von den optimalen Achspo-
sitionen abweicht.

Für die praktische RS-Versorgung wird, ausgehend von den Versuchsergebnissen in diesem Abschn., eine GR-Lage empfohlen, bei
der der GR-Scheitelpunkt 75 mm vor dem Schultergelenk und 50 mm
unterhalb des rechtwinklig gebeugten Unterarms liegt. Es ist dabei zu beachten, daß mit der GR-Lage auch die Position des Antriebsrades festgelegt ist. Die optimale GR-Lage führt gegenüber
dem Istzustand an Universal-GRRS zu einer Veränderung mehrerer
RS-Eigenschaften, insbesondere zu einer Verbesserung der Manövrierfähigkeit, einer Senkung des Rollwiderstandes und einer Verringerung der Baulänge, aber auch zu einer Erhöhung der Kippgefahr und, bei konstanter Sitzflächenneigung, einer Verkleinerung
der Bodenfreiheit der Beinstützen.

Den negativen Auswirkungen kann zum Teil durch konstruktive Maßnahmen am RS entgegengewirkt werden. Dennoch wird die optimale
GR-Lage nicht für alle RS-Benutzer empfohlen werden können. Bei
der RS-Versorgung müssen, abhängig von den Eigenschaften und Fähigkeiten des RS-Benutzers, alle Auswirkungen der Antriebsradver-
lagerung im jeweiligen Anwendungsfall überprüft und eine individuelle Anpassung durchgeführt werden. Kann aus Gründen der Kipp-
sicherheit die GR-Frontallage L_x = 75 mm nicht gewählt werden,
führt, wie die Ergebnisse des Vorversuchs zeigen, eine Verringerung der Höhenlage des GR bereits zu einer Verbesserung der Fahrleistung und mindert überdies die Kippgefahr.

5.1.3.2 Seitenlage des Greifreifens
5.1.3.2.1 Ausprägungen des Gestaltungsparameters

Aus den zurückliegenden Untersuchungen zur statischen und dynamischen Maximalkraft (vgl. Kroemer /61/, Rohmert /90/) geht hervor, daß zur Aufbringung von Armdruckkräften vor dem Körper Krafteingriffspunkte in der Sagittalebene durch das Schultergelenk als biomechanisch günstig bezeichnet werden können und bei einer lateralen Verlagerung des Kraftvektors die Leistung sinkt. Die GR-Seitenlage L_y, die den lateralen Abstand des GR vom Körper angibt, wird durch konstruktive Parameter, wie den Abstand des Antriebsrades vom RS-Sitz, und Festlegungen bei der RS-Versorgung, wie die RS-Sitzbreite, die Länge der Stege zur Befestigung des GR am Antriebsrad und die GR-Schwenkung, bestimmt.

Beim Versuch wurden die Gestaltungsparameterausprägungen L_y = 70, 110 und 150 mm berücksichtigt. Die GR-Seitenlage von 110 mm entspricht in etwa einer RS-Anpassung, bei der die RS-Sitzbreite mit der Körpersitzbreite übereinstimmt. GR-Seitenlagen von 150 mm und darüber können häufig bei Kindern und älteren RS-Benutzern angetroffen werden und entsprechen Empfehlungen zur RS-Anpassung, die für die Bestimmung der RS-Sitzbreite einen Zuschlag von 20 bis 50 mm zur Körpersitzbreite vorsehen (vgl. Simon /100/). Benutzer von Aktiv- und Sport-RS mit Sitz-Seitenteilen ohne Armauflage können durch eine GR-Schwenkung die GR-Seitenlage von 70 mm erreichen, weshalb der Versuch auch bei einer GR-Schwenkung von 5° durchgeführt wurde.

5.1.3.2.2 Versuchsergebnisse und Diskussion

Die Mittelwerte der Beurteilungsparameter sind in Bild 25 zusammengestellt. Mit zunehmender Seitenlage des GR sinkt die Antriebsleistung und steigt die Beanspruchung. Allerdings konnte anhand der Varianzanalyse nur für die Fahrstrecke (p < 0,01) und das Subjektive Urteil (p < 0,01) eine signifikante Abhängigkeit vom Gestaltungsparameter nachgewiesen werden. Der Mittelwertvergleich für diese Beurteilungsgrößen ist im Anhang 8.3.1, Bild A30 und A31 wiedergegeben. Bei der GR-Seitenlage L_y = 70 mm konnten gegenüber L_y = 150 mm eine um 9,4 % längere Fahrstrecke (p < 0,05) und ein um 1,6 Bewertungsstufen besseres Subjektives Urteil erreicht werden.

Be-urtei-lungsgröße L_y/mm	70	110	150
Fahrstrecke in m	56,1 ①	54,1 ②	51,3 ③
APFM/(1/min)	39,7 ①	40,5 ②	42,1 ③
EPS	66,2 ①	71,0 ②	77,4 ③
Urteil	2,2 ①	2,6 ②	3,8 ③

Mittelwert
(Rang)

n : 5

Gestal-tungs-para-meter
L_x : 75 mm
L_y : variabel
L_z : 50 mm
D : 520 mm
γ : 5°

APFM : Arbeitspulsfre-quenzmittelwert
EPS : Erholungspulssumme

Bild 25: Beurteilungsgrößen in Abhängigkeit von der Seitenlage des GR

Die Versuchsergebnisse zeigen, daß bei der RS-Konstruktion und -Versorgung Lösungen angestrebt werden sollen, die eine möglichst geringe Seitenlage des GR erlauben. Insbesondere GR-Seitenlagen um 150 mm, wie sie häufig bei Kindern und älteren RS-Benutzern auftreten, sind unzureichend.

5.1.3.3   Durchmesser des Greifreifens
5.1.3.3.1 Ausprägungen des Gestaltungsparameters

Neben der Frontal- und Höhenlage des GR stellt der GR-Durchmesser den dritten wichtigen Gestaltungsparameter zur Variation des Verlaufs der Krafteingriffsbahn dar. Im Handel sind GR mit Durchmessern von ca. 510 und 560 mm erhältlich, wobei in der Regel der GR-Durchmesser von 510 mm benutzt wird (s. Abschn. 3.2.2). Zur Verringerung der Übersetzung i_d werden im RS-Sport auch GR mit einem Durchmesser bis zu 350 mm verwendet (vgl. Knöller /58/, Higgs /46/). Für den Versuch wurden die Gestaltungsparameterausprägungen D = 420, 520 und 620 mm festgelegt. Es sei nochmals darauf verwiesen, daß bei dem Versuch, neben den übrigen Gestaltungsparametern des GR-Verlaufs, die Übersetzung i_d = 0,86 konstant beibehalten wurde. Mit der Untersuchung des GR-Durchmessers konnten die Eignung der handelsüblichen GR-Durchmesser sowie die Auswirkungen kleiner GR-Durchmesser im RS-Sport überprüft werden.

5.1.3.3.2 Versuchsergebnisse

In Bild 26 sind die Fahrstrecke, die Arbeitspulsfrequenz und das Subjektive Urteil in Abhängigkeit vom GR-Durchmesser dargestellt. Die Beurteilungsgrößen weisen ein gemeinsames Optimum bei einem GR-Durchmesser um 590 mm auf. Die Varianzanalyse ergab für die Leistungsgröße ($p < 0,001$) und die Beanspruchungsgrößen ($p < 0,05$) in Bild 26 eine signifikante Abhängigkeit von dem Gestaltungsparameter. Der Einfluß des GR-Durchmessers auf die Erholungspulssumme konnte varianzanalytisch nicht statistisch gesichert werden.

Der Mittelwertvergleich der in Bild 26 zusammengestellten Beurteilungsgrößen ist im Anhang 8.3.1, Bild A32, A33 und A34 wiedergegeben. Danach konnten bei dem GR-Durchmesser D = 620 mm gegenüber D = 420 mm eine um 21,1 % längere Fahrstrecke ($p < 0,01$), eine um 10,3 % niedrigere Arbeitspulsfrequenz ($p < 0,05$) und eine Verbesserung des Subjektiven Urteils um eine Bewertungsstufe ($p < 0,05$) erreicht werden.

Zur Diskussion der Ergebnisse für die Leistungs- und Beanspruchungsgrößen können die Verläufe der mechanischen Aktivitätsgrößen abhängig vom GR-Durchmesser in Bild 27 herangezogen werden. Danach steigt die Krafthublänge L_{KH} mit steigendem GR-Durchmesser, während die Mittlere Antriebskraft im Krafthub $\overline{F}_{A,KH}$ und die Hubfrequenz f_H fallen. Dies bestätigt die Arbeitshypothese in Abschn. 5.1.1, nach der durch einen längeren Krafthub die Hubfrequenz gesenkt und damit die Manipulationsarbeit reduziert werden kann. Die Versuchspersonen nutzen den längeren Krafthub auch zur Senkung der Mittleren Antriebskraft im Krafthub. Der Abfall der

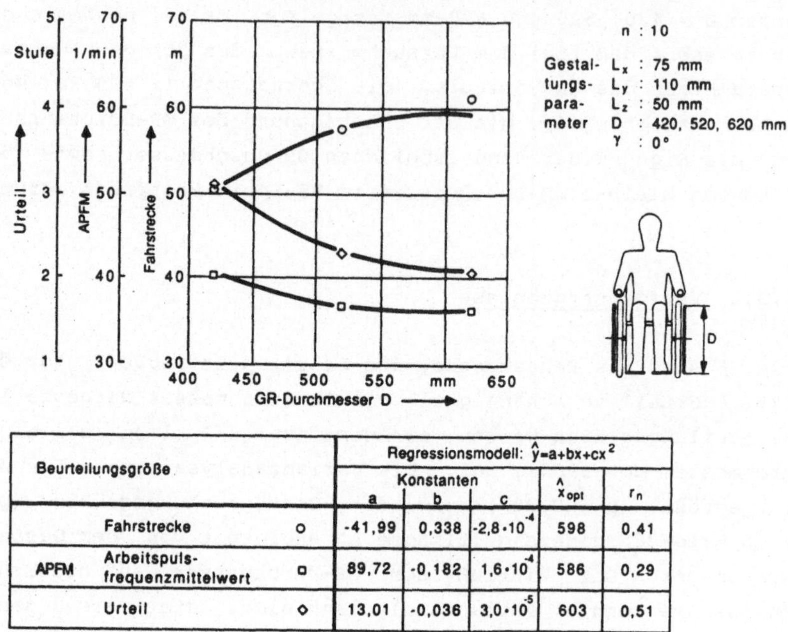

Beurteilungsgröße		Regressionsmodell: $\hat{y}=a+bx+cx^2$				
		Konstanten			$\hat{x}_{opt}$	r_n
		a	b	c		
Fahrstrecke	○	-41,99	0,338	$-2,8\cdot10^{-4}$	598	0,41
APFM Arbeitspuls-frequenzmittelwert	□	89,72	-0,182	$1,6\cdot10^{-4}$	586	0,29
Urteil	◇	13,01	-0,036	$3,0\cdot10^{-5}$	603	0,51

Bild 26: Fahrstrecke, Arbeitspulsfrequenz und Subjektives Urteil in Abhängigkeit vom Durchmesser des GR

Beanspruchungsgrößen mit steigendem GR-Durchmesser kann mit beiden Folgen der Krafthubverlängerung begründet werden. Die längeren Krafthübe ermöglichen offenbar auch beim Schnellfahrtest größere Fahrstrecken.

Die varianzanalytische Überprüfung der in Bild 27 dargestellten mechanischen Aktivitätsgrößen ergab eine signifikante Abhängigkeit (p < 0,001) von dem Gestaltungsparameter. Die Mittelwerte aller mechanischen Aktivitätsgrößen und der Mittelwertvergleich der Aktivitätsgrößen in Bild 27 sind im Anhang 8.3.1, Bild A35, A36, A37 und A38 zusammengestellt.

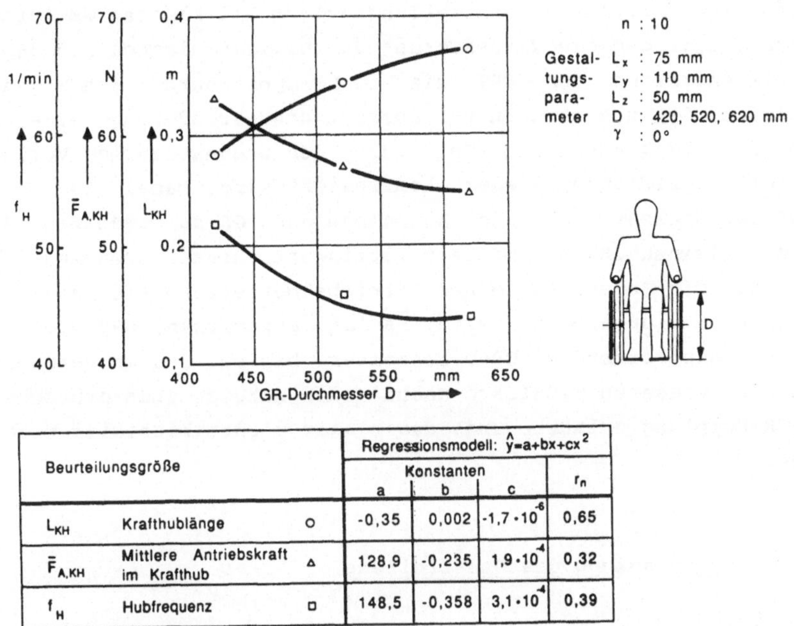

Beurteilungsgröße			Regressionsmodell: $\hat{y}=a+bx+cx^2$			
			Konstanten			r_n
			a	b	c	
L_{KH}	Krafthublänge	o	-0,35	0,002	$-1{,}7\cdot10^{-6}$	0,65
$\bar{F}_{A,KH}$	Mittlere Antriebskraft im Krafthub	△	128,9	-0,235	$1{,}9\cdot10^{-4}$	0,32
f_H	Hubfrequenz	□	148,5	-0,358	$3{,}1\cdot10^{-4}$	0,39

Bild 27: Krafthublänge, Mittlere Antriebskraft im Krafthub und
Hubfrequenz in Abhängigkeit vom Durchmesser des GR

5.1.3.3.3 Diskussion der Versuchsergebnisse

Ausgehend von den Versuchsergebnissen kann für den RS-Bau und die
RS-Versorgung ein GR-Durchmesser von 590 mm, zumindest aber der
im Handel erhältliche GR-Durchmesser von 560 mm empfohlen werden.
Bei der Verwendung von GR mit Durchmessern über der gebräuchlichen Größe von 510 mm wird bei konstanter Sitzflächenhöhe die
GR-Höhenlage um die GR-Durchmesserzunahme verringert. Dadurch
summieren sich die positiven Effekte, die sich durch eine Vergrößerung des GR-Durchmessers und eine Verringerung der GR-Höhenlage
(s. Abschn. 5.1.3.1.1) ergeben. Durch einen größeren Antriebsraddurchmesser wird überdies der Rollwiderstand verringert und durch
die vertikale Verlagerung der Antriebsachse nach oben die Kippgefahr gemindert (s. Anhang 8.1.3), jedoch auch das RS-Gewicht erhöht und die RS-Baulänge vergrößert.

Der deutliche Abfall der Beurteilungsgrößen bei kleinen GR-Durchmessern zeigt, daß die Verbesserung der biomechanischen Bedingungen beim Antreiben des GRRS, die im RS-Sport durch den Einsatz
von kleinen GR-Durchmessern zur Übersetzungsveränderung erreicht
werden soll, zumindest zum Teil durch den ungünstigeren Verlauf
der Krafteingriffsbahn wieder kompensiert wird. Dabei ist neben
dem GR-Durchmesser auch die Höhenlage des GR zu beachten, die
sich mit kleinen GR-Durchmessern verringert. Diese Zusammenhänge
weisen auf die Bedeutung einer Getriebeübersetzung hin, wie sie
im Abschn. 5.2 untersucht wird. Es ist anzumerken, daß die bei
Renn-RS anzutreffenden GR-Durchmesser bis ca. 350 mm verbunden
mit einer niederen Sitzflächenhöhe eine nahezu ununterbrochene
Hand-GR-Kopplung erlauben und daher hier nicht beurteilt werden
können.

5.1.3.4   Schwenkung des Greifreifens

Aufgrund der in Abschn. 3.2.2 dargestellten Vorteile wird eine an
Aktiv- und Sport-RS mögliche Schwenkung des GR bis ca. 5° empfohlen (vgl. Strohkendl /115/). Mit dem Versuch sollte überprüft
werden, ob diesen Vorteilen nachteilige Einflüsse auf die Arbeitsbewegung entgegenstehen. Dafür wurden die Gestaltungsparameterausprägungen $\gamma = 0$ und 5° überprüft.

In Bild 28 sind die Mittelwerte der Beurteilungsgrößen und ihre
Differenzen zusammengestellt. Obgleich bei der GR-Schwenkung von
5° die günstigeren Mittelwerte erreicht wurden, konnte sowohl bei
der Varianzanalyse als auch beim Mittelwertvergleich keine signifikante Abhängigkeit der Beurteilungsgrößen von dem Gestaltungsparameter nachgewiesen werden. Für die RS-Versorgung liegen damit
aus ergonomischer Sicht keine Gründe gegen eine GR-Schwenkung bis
5° vor.

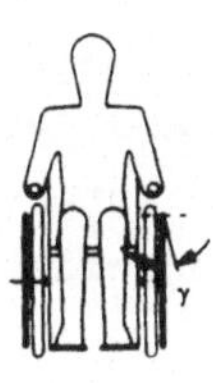

Be-urtei-lungsgröße $\gamma/(°)$	0	5	Differenz
Fahrstrecke in m	51,4 ②	54,1 ①	5,3 %
APFM/(1/min)	42,9 ②	40,5 ①	5,6 %
EPS	79,2 ②	71,0 ①	10,4 %
Urteil	2,6 ①	2,6 ①	0

Mittelwert (Rang)

n : 5

Gestal- L_x : 75 mm
tungs- L_y : 110 mm
para- L_z : 50 mm
meter D : 520 mm
  γ : variabel

APFM : Arbeitspuls-frequenzmittelwert
EPS : Erholungspuls-summe

Bild 28: Beurteilungsgrößen in Abhängigkeit von der Schwenkung des GR

5.2 Gestaltung der Übersetzung

Beim Gebrauch muskelkraftbetriebener Arbeitsmittel erfolgt durch die mechanische Übersetzung eine Anpassung des Arbeitswiderstandes an die bei der menschlichen Muskelarbeit günstige Betätigungskraft und Bewegungsgeschwindigkeit der eingesetzten Effektoren. Die Arbeitsphysiologie und Ergonomie machten schon früh die Fragestellung nach der optimalen Übersetzung zu ihrem Forschungsgegenstand. Neben grundlegenden Studien, wie sie von Schnauber /103/ zusammengestellt wurden, liegen arbeitsmittelspezifische Untersuchungen insbesondere zur optimalen Drehgeschwindigkeit bei der Hand- und Fußkurbelarbeit vor (vgl. Rohmert /89/, Müller u.a. /80,81/, Mellerowicz /77/, Große-Lordemann u.a. /43/, Hess u.a. /45/, Heinrich u.a. /44/, Israel u.a. /51/, Eckermann u.a. /28/, Stegemann u.a. /111/). Die Untersuchungen zur Übersetzung am GRRS sind in Abschn. 3.6.2.2 zusammengestellt.

Eine Optimierung der biomechanischen Bedingungen beim Antreiben des GRRS durch eine Übersetzung ist insbesondere für RS-Benutzer mit niederer körperlicher Leistungsfähigkeit und den RS-Sport von Bedeutung (vgl. Brubaker /9/, Ziegler /127/). Die Wahl der richtigen Übersetzung oder des richtigen Übersetzungsbereichs bei der

Entwicklung technischer Lösungen für die RS-Übersetzung sowie bei
der RS-Versorgung und -Nutzung setzt die Untersuchung der Einflußfaktoren einer optimalen Übersetzung voraus. Mit der vorliegenden Untersuchung zur Übersetzungsgestaltung am GRRS soll ein
Versuchsplan entworfen werden, der eine umfassende und systematische Untersuchung der optimalen Übersetzung abhängig von den wesentlichen Einflußfaktoren erlaubt und auf der Basis von Vorversuchen erste Hinweise zur ergonomisch richtigen Übersetzung gibt.

5.2.1 Technische Ausführungen der Übersetzung am Greifreifen-rollstuhl

Auch wenn diese Möglichkeit bei der RS-Versorgung nur selten
wahrgenommen wird, erlauben alle beim RS genutzten Antriebsprinzipien die Wahl einer an die Bedürfnisse des RS-Benutzers ange-
paßten festen Übersetzung. Die Vorteile einer Übersetzungsvariation werden jedoch nur durch eine an die jeweilige Fahraufgabe
anpaßbare und damit verstellbare Übersetzung voll erschlossen.
Schaltgetriebe sind jedoch ausschließlich für den Kurbelantrieb
und nicht faltbare Hebel-RS erhältlich, RS-Modelle, die äußerst
selten genutzt werden. Getriebeentwürfe mit verstellbarer Übersetzung für faltbare Hebel-RS wurden von Lesser /67/ und Klosner
u.a. /56,57/ vorgestellt.

Beim GRRS ist die Übersetzung durch das Durchmesserverhältnis von
GR und Antriebsrad bestimmt und beträgt an handelsüblichen RS ca.
$i_d = 0,86$ (s. Anhang 8.1.2.2). Von dieser Übersetzung wird nur im
RS-Sport durch den Einsatz kleinerer GR abgegangen (vgl. Knöller
/58/, Higgs /46/). In Abschn. 5.1.3.2 konnte gezeigt werden, daß
der Verwendung kleinerer GR jedoch Nachteile durch die Veränderung des Verlaufs der Krafteingriffsbahn entgegenstehen. Übersetz-
zungen über $i_d = 0,86$ erlaubt die Durchmesserveränderung am GR
nicht. Verstellbare Übersetzungsverhältnisse können am GRRS nur
durch eine Getriebeübersetzung zwischen GR und Antriebsrad ermöglicht werden. Von ersten Ansätzen zur Entwicklung eines schaltbaren Nabengetriebes für GRRS wird bei Ziegler /127/ berichtet.

5.2.2 Gestaltungsparameter und Arbeitshypothesen

Eine ergonomische Untersuchung der Übersetzung am GRRS muß beide möglichen technischen Lösungen, die Änderung des Durchmesserverhältnisses von GR und Antriebsrad und die Getriebeübersetzung, berücksichtigen. Da bei einer Änderung des Durchmesserverhältnisses D/D^A zur Übersetzungsvariation auch Gestaltungsparameter des GR-Verlaufs beeinflußt werden, sind die biomechanischen Übersetzungsoptima auf der Basis der beiden technischen Lösungsmöglichkeiten nicht auf die jeweils andere anwendbar. Bei der vorliegenden Untersuchung wurde von einer Getriebeübersetzung, also einer Übersetzungsvariation bei konstantem GR-Durchmesser, ausgegangen. Damit konnte die Übersetzung unabhängig von den Gestaltungsparametern des GR-Verlaufs untersucht werden. Die Ausführungen zur Versuchsplanung in Abschn. 5.2.3 lassen sich auch auf die Übersetzungsveränderung durch eine GR-Durchmesservariation übertragen.

Mit einer Übersetzung am GRRS wird das Kraft-Geschwindigkeits-Verhältnis F_{AW}/v am Antriebsrad nach der Gleichung (4) (s. Abschn. 3.3.2) zum Kraft-Geschwindigkeits-Verhältnis F_{AW}^G/v^G am GR transformiert. Der Übersetzungsoptimierung am GRRS lag die Arbeitshypothese zugrunde, daß die biomechanischen Bedingungen beim Antreiben des GRRS und damit

o die energetische Effizienz der Arbeitsbewegung sowie
o die Beanspruchung insbesondere in den Engpässen
   - Beanspruchung des kardiorespiratorischen Systems durch Muskelarbeit und
   - Beanspruchung lokaler Muskelgruppen des Hand-Arm-Systems

vom Kraft-Geschwindigkeits-Verhältnis F_{AW}^G/v^G am GR abhängt.

Die Leistungskomponenten F_{AW}^G und v^G weisen einen zeitvarianten Verlauf im Hub auf, der von der Antriebsaufgabe und den individuellen Einflüssen des RS-Benutzers abhängt. Zur Übersetzungsoptimierung wird als kontrollierbare unabhängige Variable die mittlere GR-Umfangsgeschwindigkeit im Hub $\bar{v}^G$ herangezogen. Dabei ergibt sich die optimale Übersetzung aus der Gleichung (13).

$$i_{v,opt} = \bar{v}^G_{opt}/\bar{v} \tag{13}$$

Der GR-Umfangsgeschwindigkeit $\bar{v}^G$ entspricht bei gegebener Antriebsleistung $\bar{P}$ nach der Gleichung (5) (s. Abschn. 3.3.2) der mittlere Antriebswiderstand im Hub $\bar{F}^G_{AW}$. Die bei der Hand- und Fußkurbelarbeit und vielen weiteren Arbeitstätigkeiten zur Übersetzungsoptimierung herangezogene Gestaltungsvariable Bewegungsfrequenz kann beim Antreiben des GRRS nicht verwendet werden, da kein mechanisch bestimmter Zusammenhang zwischen der Hubfrequenz und dem zu optimierenden Kraft-Geschwindigkeits-Verhältnis F^G_{AW}/v^G am GR vorliegt.

Neben der unabhängigen Variablen sind bei der Übersetzungsoptimierung folgende Einflußfaktoren zu berücksichtigen:

1 Fahrsituation

Eine Fahrsituation (s. Abschn. 3.3.1) ist durch das Kraft-Geschwindigkeits-Verhältnis F_{AW}/v am Antriebsrad gekennzeichnet. Mit der Fahrsituation verändern sich sowohl das Verhältnis der Kraft- und Geschwindigkeitsmittelwerte $\bar{F}_{AW}/\bar{v}$ als auch die zeitvarianten Verläufe der Leistungskomponenten F_{AW} und v im Hub. Die Veränderung lediglich des Kraft-Geschwindigkeits-Verhältnisses $\bar{F}_{AW}/\bar{v}$ am Antriebsrad führt bei entsprechender Anpassung der Übersetzung nach Gleichung (6) (s. Abschn. 3.3.3) zu keiner Änderung des Kraft-Geschwindigkeits-Verhältnisses $\bar{F}^G_{AW}/\bar{v}^G$ am GR. Die optimale Umfangsgeschwindigkeit $\bar{v}^G_{opt}$ ist damit unabhängig von den Kraft- und Geschwindigkeitsmittelwerten $\bar{F}_{AW}$ und $\bar{v}$, wobei sich die optimale Übersetzung $i_{v,opt}$ aus der Veränderung der Fahrgeschwindigkeit $\bar{v}$ nach der Gleichung (13) ergibt.

Eine Veränderung der biomechanischen Bedingungen beim Antreiben des GRRS mit der Fahrsituation ergibt sich jedoch aufgrund der Veränderung der zeitvarianten Verläufe des Trägheitswiderstandes F_{Tr} und damit des Antriebswiderstandes F_{AW} sowie der

Fahrgeschwindigkeit v im Hub. Schnauber /103/ konnte in Grundlagenuntersuchungen die Abhängigkeit ausgewählter Leistungsgrößen von den wirkenden Trägheitskräften beim Antreiben einer rotierenden Schwungmasse mit dem Hand-Arm-System nachweisen. Bei der Übersetzungsoptimierung muß ihr Einfluß auf die Beanspruchung des RS-Benutzers und die energetische Effizienz der Arbeitsbewegung und damit auf die optimale GR-Umfangsgeschwindigkeit überprüft werden.

2 Antriebsleistung

Die Abhängigkeit der optimalen Übersetzung von der Antriebsleistung ergibt sich aus der Fragestellung, ob sich bei deren Veränderung durch eine Anpassung des Antriebswiderstandes F_{AW}^{G} oder der Umfangsgeschwindigkeit v^{G} bessere biomechanische Bedingungen beim Antreiben des GRRS einstellen. Die zurückliegenden Untersuchungen zur Abhängigkeit der optimalen Übersetzung von der Leistung bei der Hand- und Fußkurbelarbeit führten zu unterschiedlichen Ergebnissen. Während Eckermann u.a. /28/ und Stegemann u.a. /111/ aufgrund ihrer Versuchsergebnisse bei der Fußkurbelarbeit von einer weitgehenden Unabhängigkeit der Drehfrequenz von der Leistung ausgehen, konnte Mellerowicz /77/ bei der Handkurbelarbeit eine Abhängigkeit nachweisen. Darüber hinaus liegen diesen Arbeitsbewegungen gegenüber dem Antreiben des GRRS stark abweichende Bewegungscharakteristika und der Einsatz unterschiedlicher Muskelgruppen zugrunde. Somit kann eine Abhängigkeit der optimalen Übersetzung beim Antreiben des GRRS von der Antriebsleistung nicht ausgeschlossen werden.

3 Leistungsfähigkeit des RS-Benutzers

Eine wichtige Zielgruppe bei der Übersetzungsgestaltung am GRRS stellen RS-Benutzer mit eingeschränkter Handschließkraft und geringer kardiopulmonaler Leistungsfähigkeit dar. Auch wenn die zurückliegenden Untersuchungen zur Fußkurbelarbeit nur eine geringe Abhängigkeit der optimalen Drehfrequenz von der Leistungsfähigkeit der Versuchspersonen ergaben (vgl. Stegemann u.a. /lll/), kann dieses Ergebnis bei der großen Leistungsstreuung behinderter Personen und den oben angeführten Unterschieden der Arbeitsbewegung nicht auf das RS-Fahren übertragen werden.

Der Versuchsplanung zur Übersetzungsoptimierung wurden folgende Arbeitshypothesen zugrundegelegt:

o Abhängig von der GR-Umfangsgeschwindigkeit $\bar{v}^G$ ergibt sich beim Antreiben des GRRS ein Minimum der Beanspruchung und ein Maximum der energetischen Effizienz. Diese Extrema entsprechen der optimalen GR-Umfangsgeschwindigkeit $\bar{v}^G_{opt}$ und ergeben nach der Gleichung (13) die optimale Übersetzung $i_{v,opt}$.

o Die optimale GR-Umfangsgeschwindigkeit $\bar{v}^G_{opt}$ hängt von der Antriebsleistung und der körperlichen Leistungsfähigkeit des RS-Benutzers ab.

o Die optimale GR-Umfangsgeschwindigkeit $\bar{v}^G_{opt}$ bei einer spezifischen Fahrsituation kann ohne erheblichen Einfluß auf Beanspruchung und energetische Effizienz auf andere Fahrsituationen mit gleicher Antriebsleistung übertragen werden.

5.2.3 Versuchsplanung

Die Übersetzungsoptimierung wird unter der Bedingung konstanter Fahrgeschwindigkeiten durchgeführt. Wie in Abschn. 3.3.2 ausgeführt, kann dabei der Antriebswiderstand $\bar{F}_{AW}$ ($\bar{F}^G_{AW}$) durch den Fahrwiderstand $\bar{F}_W$ ($\bar{F}^G_W$) ersetzt werden. Zur Untersuchung der Übersetzung am GRRS wurde der Versuchsplan in Bild 29 entworfen. Er erlaubt die Variation der GR-Umfangsgeschwindigkeit $\bar{v}^G$, bzw. des Kraft-Geschwindigkeits-Verhältnisses $\bar{F}^G_W/\bar{v}^G$ am GR, bei verschiedenen Fahrsituationen und mehreren Leistungsstufen. Durch die Fraktionierung des Versuchspersonenkollektivs kann die optimale Übersetzung in Abhängigkeit von der körperlichen Leistungsfähigkeit der RS-Benutzer untersucht werden.

Bei den Versuchen wurde ein GR mit dem Durchmesser von 520 mm und einem Querschnittdurchmesser von 30 mm eingesetzt. Die GR-Lage

Antriebsleistung $\bar{P}=20$ W

Fahrsituation				Gestaltungsparameter						
β	$\bar{E}_k$	$\bar{F}_W$	$\bar{v}$	83,3 / 0,24	55,6 / 0,36	41,7 / 0,48	33,3 / 0,60	27,8 / 0,72	23,8 / 0,84	$\bar{F}_W^G$ / $\bar{v}^G$
0	262,2	8,5	2,36	0,101	0,152	0,203	0,254	0,305	0,356	
0,5	70,1	16,3	1,22	0,196	0,294	0,392	0,490	0,588	0,686	
1	32,4	24,2	0,83	0,290	0,435	0,580	0,725	0,870	1,015	i_v
1,5	18,1	32,0	0,62	0,384	0,576	0,768	0,961	1,153	1,345	
2	11,8	39,9	0,50	0,478	0,718	0,957	1,196	1,436	1,675	

Antriebsleistung $\bar{P}=30$ W

Fahrsituation				Gestaltungsparameter						
β	$\bar{E}_k$	$\bar{F}_W$	$\bar{v}$	124,0 / 0,24	83,3 / 0,36	62,5 / 0,48	49,0 / 0,60	41,7 / 0,72	35,7 / 0,84	$\bar{F}_W^G$ / $\bar{v}^G$
0	589,7	8,5	3,54	0,067	0,101	0,135	0,169	0,203	0,237	
0,5	159,3	16,3	1,84	0,130	0,196	0,261	0,326	0,392	0,457	
1	72,3	24,2	1,24	0,193	0,290	0,386	0,483	0,580	0,677	i_v
1,5	45,5	32,0	0,94	0,256	0,384	0,512	0,640	0,768	0,897	
2	26,3	39,9	0,75	0,319	0,478	0,638	0,797	0,957	1,126	

Antriebsleistung $\bar{P}=40$ W

Fahrsituation				Gestaltungsparameter						
β	$\bar{E}_k$	$\bar{F}_W$	$\bar{v}$	166,7 / 0,24	111,1 / 0,36	83,3 / 0,48	66,7 / 0,60	55,6 / 0,72	47,6 / 0,84	$\bar{F}_W^G$ / $\bar{v}^G$
0	1049	8,5	4,72	0,050	0,076	0,101	0,127	0,152	0,178	
0,5	282,5	16,3	2,45	0,098	0,147	0,196	0,245	0,294	0,343	
1	128,2	24,2	1,65	0,145	0,217	0,290	0,362	0,435	0,507	i_v
1,5	73,6	32,0	1,25	0,192	0,288	0,384	0,480	0,576	0,672	
2	47,1	39,9	1,00	0,239	0,359	0,478	0,598	0,718	0,837	

$\bar{F}_W$: Fahrwiderstand in N
$\bar{v}$: Fahrgeschwindigkeit in m/s
β : Fahrbahnlängsneigung in (°)
$\bar{E}_k$: Kinetische Energie in J

$\bar{P}$: Antriebsleistung in W
$\bar{F}_W^G$: Fahrwiderstand am GR in N
$\bar{v}^G$: Umfangsgeschwindigkeit am GR in m/s
i_v : Gesamtübersetzung

Bild 29: Versuchsplan zur Untersuchung der Übersetzung am GRRS

wurde mit L_x = 75 mm, L_y = 110 mm und L_z = 50 mm festgelegt. Die GR-Schwenkung betrug 0°. Den Ausprägungen der Fahrsituationen je Leistungsstufe im Versuchsplan entspricht eine Veränderung der Fahrbahnlängsneigung bei Verwendung des im Anhang 8.2.1 beschriebenen exemplarischen RS-Gesamtsystems. Zur Veranschaulichung der Fahrsituationen wurden neben dem Fahrwiderstand und der Fahrgeschwindigkeit die Stufung der Fahrbahnlängsneigung und die kinetische Energie des zugrundegelegten RS-Gesamtsystems angeführt.

Im Gegensatz zu den zurückliegenden Untersuchungen zur Übersetzung am GRRS (s. Abschn. 3.6.2.2, Bild 8) erlaubt der Versuchsplan in Bild 29 durch die Wahl der GR-Umfangsgeschwindigkeit $\bar{v}^G$ als unabhängige Variable eine weitgehend getrennte Betrachtung der Einflußgrößen der optimalen Übersetzung und eine vereinfachte Übertragung der Versuchsergebnisse in die Praxis der RS-Entwicklung und -Versorgung.

Mit den experimentellen Versuchen zur Übersetzungsoptimierung in Abschn. 5.2.4 wurde lediglich eine Vorstudie angestrebt. Dafür wurde je Leistungsstufe ein Versuch mit den in Bild 29 gekennzeichneten Gestaltungsparameterausprägungen durchgeführt und dabei wurden jeweils 5 Versuchspersonen eingesetzt. Damit konnten, bis auf die Abhängigkeit der optimalen Übersetzung von der körperlichen Leistungsfähigkeit der Versuchspersonen, alle Arbeitshypothesen überprüft werden.

Bei den Versuchen wurde der Fahrtest auf dem RS-Simulator durchgeführt (s. Abschn. 4.1.4). Zur Ermittlung der Beanspruchung wurden die Arbeitspulsfrequenz, die Erholungspulssumme und das Subjektive Urteil herangezogen (s. Abschn. 4.1.3). Zur Quantifizierung der energetischen Effizienz der Arbeitsbewegung wurde der Arbeitsenergieumsatz ermittelt und daraus für jeden Teilversuch der Physiologische Wirkungsgrad berechnet (s. Abschn. 4.1.3). Daneben wurden die mechanischen Aktivitätsgrößen erfaßt (s. Abschn. 4.1.3). Da sich mit der Variation der Fahrsituation auch die kinetische Energie des simulierten RS-Gesamtsystems verändert, der Fahrtest jedoch bei der Fahrgeschwindigkeit $v = 0$ begann, wurden der Arbeitsenergieumsatz und der Physiologische Wirkungsgrad anteilig um die Differenz der kinetischen Energie berichtigt. Aufgrund der hohen Belastung in der höchsten Leistungsstufe konnte für diese nur ein kleiner Kreis der Versuchspersonen herangezogen werden. Aus versuchsorganisatorischen Gründen konnte dieses Kollektiv nicht bei allen Versuchen eingesetzt werden.

5.2.4 Versuchsergebnisse

In den Bildern 30, 31 und 32 sind der Arbeitsenergieumsatz, die Arbeitspulsfrequenz und das Subjektive Urteil in Abhängigkeit von der GR-Umfangsgeschwindigkeit $\bar{v}^G$ bei den drei berücksichtigten Ausprägungen der Antriebsleistung $\bar{P}$ = 20, 30 und 40 W dargestellt. Die Mittelwerte aller Beurteilungsgrößen für die drei Leistungsstufen sind im Anhang 8.3.2, Bild A39, A40 und A41 zusammengestellt. Für die Antriebsleistung von 30 W sind im Anhang 8.3.2, Bild A42, A43, A44, A45 und A46 die Ergebnisse des Mittelwertvergleichs der Beurteilungsgrößen exemplarisch wiedergegeben.

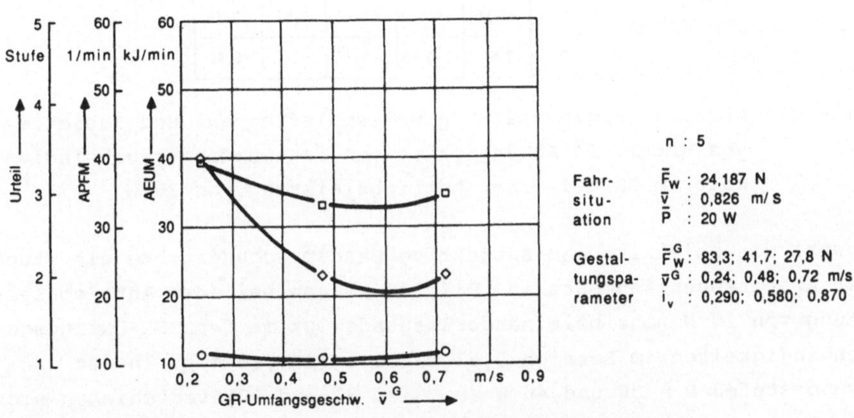

Beurteilungsgröße			Regressionsmodell: $\hat{y}=a+bx+cx^2$				
			Konstanten			$\hat{x}_{opt}$	r_n
			a	b	c		
AEUM	Arbeitsenergie-umsatzmittelwert	o	14,50	-13,45	13,23	0,51	0,11
APFM	Arbeitspuls-frequenzmittelwert	□	52,77	-69,74	62,62	0,56	0,22
	Urteil	◇	6,20	-14,58	12,15	0,60	0,61

Bild 30: Arbeitsenergieumsatz, Arbeitspulsfrequenz und Subjektives Urteil in Abhängigkeit von der Umfangsgeschwindigkeit am GR bei einer Antriebsleistung von 20 W

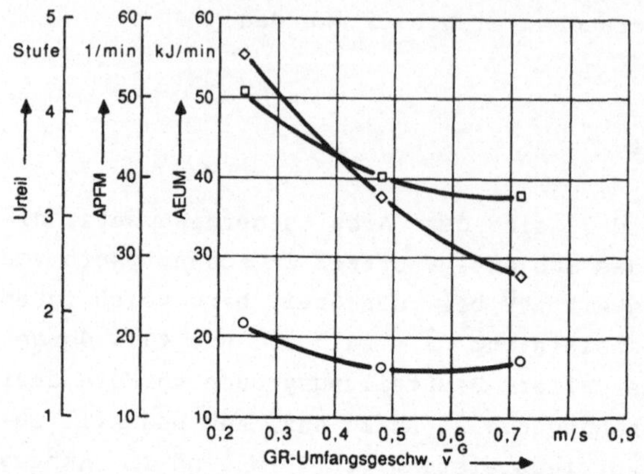

Beurteilungsgröße			Regressionsmodell: $\hat{y}=a+bx+cx^2$				
			Konstanten			$\hat{x}_{opt}$	r_n
			a	b	c		
AEUM	Arbeitsenergie-umsatzmittelwert	o	33,44	-61,72	54,74	0,56	0,57
APFM	Arbeitspuls-frequenzmittelwert	□	69,15	-93,78	69,90	0,67	0,39
	Urteil	◇	6,60	-9,58	5,21	-	0,84

Bild 31: Arbeitsenergieumsatz, Arbeitspulsfrequenz und Subjektives Urteil in Abhängigkeit von der Umfangsgeschwindigkeit am GR bei einer Antriebsleistung von 30 W

Sowohl die objektive und subjektive Beanspruchungsgröße als auch
der Arbeitsenergieumsatz in Bild 30 zeigen bei der Antriebsleistung von 20 W nahe beieinanderliegende Optima der GR-Umfangsgeschwindigkeiten im Bereich 0,51 m/s $\leq \bar{v}^G \leq$ 0,60 m/s. In den Leistungsstufen $\bar{P}$ = 30 und 40 W (s. Bild 31 und 32) verschieben sich
die Optima zu höheren Umfangsgeschwindigkeiten am GR, wobei diese
je nach Beurteilungsgröße zunehmend divergieren. In den beiden
höheren Leistungsstufen ergeben sich die Minima für die Arbeitspulsfrequenz und das Subjektive Urteil bei deutlich höheren GR-
Umfangsgeschwindigkeiten als für den Arbeitsenergieumsatz. Sie
liegen zum Teil außerhalb des untersuchten Bereichs der GR-Umfangsgeschwindigkeit.

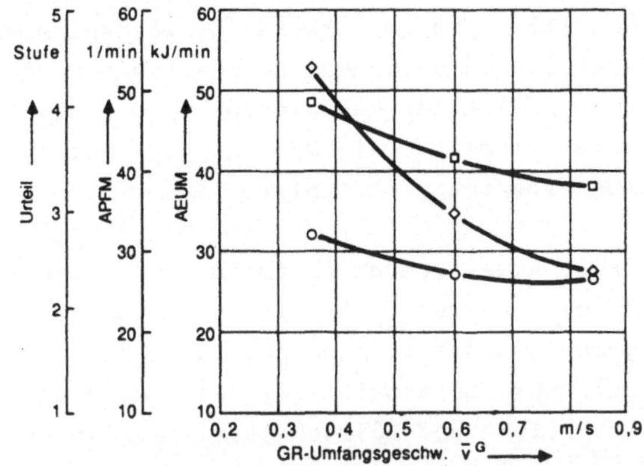

Beurteilungsgröße			Regressionsmodell: $\hat{y}=a+bx+cx^2$				
			Konstanten			$\hat{x}_{opt}$	r_n
			a	b	c		
AEUM	Arbeitsenergie-umsatzmittelwert	o	47,87	-56,95	37,55	0,758	0,39
APFM	Arbeitspuls-frequenzmittelwert	□	65,75	-59,50	31,56	-	0,34
	Urteil	◇	8,00	-12,50	6,94	-	0,63

Bild 32: Arbeitsenergieumsatz, Arbeitspulsfrequenz und Subjektives Urteil in Abhängigkeit von der Umfangsgeschwindigkeit am GR bei einer Antriebsleistung von 40 W

Anhand der Varianzanalyse konnte in den beiden höheren Leistungsstufen eine signifikante Abhängigkeit des Arbeitsenergieumsatzes (p < 0,01), der Arbeitspulsfrequenz (p < 0,05) und des Subjektiven Urteils (p < 0,001 bzw. p < 0,01) von der GR-Umfangsgeschwindigkeit nachgewiesen werden. Auch der Mittelwertvergleich und die nichtlinearen Korrelationskoeffizienten zeigen eine deutliche Abhängigkeit der Beurteilungsgrößen von der unabhängigen Variablen in diesen Leistungsstufen.

Der Unterschied der optimalen Umfangsgeschwindigkeiten am GR auf der Basis der Regressionskurven des Arbeitsenergieumsatzes und der Arbeitspulsfrequenz in den höheren Leistungsstufen kann durch die Untersuchungen zur optimalen Tretfrequenz auf dem Fahrradergometer, bei denen sich für beide Beurteilungsgrößen vergleichbare optimale Bewegungsgeschwindigkeiten ergaben (vgl. Eckermann u.a. /28/, Stegemann u.a. /111/), nicht bestätigt werden. Dies weist darauf hin, daß die Arbeitspulsfrequenz beim Antreiben des GRRS verstärkt von der Ermüdung lokaler Muskelgruppen beeinflußt wird, während der Arbeitsenergieumsatz ein Maß für die mechanische Aktivität bei der Arbeitsbewegung darstellt.

Zur Erklärung der voneinander abweichenden optimalen GR-Umfangsgeschwindigkeiten anhand der Regressionskurven des Subjektiven Urteils und der physiologischen Beurteilungsgrößen können Untersuchungsergebnisse bei der Fußkurbelarbeit herangezogen werden. Stegemann u.a. /111/, Ulmer /117/ und Löllgen u.a. /70/ konnten mit steigender Tretfrequenz auf dem Fahrradergometer eine zunehmende Unterschätzung der physikalischen Leistung anhand des Anstrengungsempfindens feststellen. Ulmer /117/ begründete diese Divergenz von subjektiver Anstrengung und objektiver Belastung damit, daß das Kraftempfinden exponentiell mit der Betätigungskraft und das Geschwindigkeitsempfinden linear mit der Bewegungsgeschwindigkeit wächst, wobei sich das Anstrengungsempfinden aus dem Produkt beider subjektiver Größen ergibt. Danach wird eine konstante physikalische Leistung mit zunehmender Bewegungsgeschwindigkeit subjektiv weniger anstrengend empfunden.

Das Bild 33 zeigt exemplarisch den Verlauf der mechanischen Aktivitätsgrößen Krafthublänge L_{KH}, Mittleres Antriebsmoment im Krafthub $\bar{M}_{A,KH}$ und Hubfrequenz f_H bei der Antriebsleistung von 30 W. Danach ist die Krafthublänge und damit der Verlauf der Krafteingriffsbahn unabhängig von der GR-Umfangsgeschwindigkeit. Die Antriebskraft ($2\,\bar{M}_{A,KH}/D$) und die Hubfrequenz verlaufen gegenläufig und ergänzen sich zur Antriebsleistung nach der Gleichung (8) (s. Abschn. 3.4.1.1). Im Anhang 8.3.2, Bild A47 sind die Mittelwerte aller mechanischen Aktivitätsgrößen bei der Antriebsleistung von 30 W zusammengestellt.

Im Anhang 8.3.2, Bild A48 sind, exemplarisch für den Versuch bei der Antriebsleistung von 30 W, die Spearman schen Rangkorrelationskoeffizienten zur Quantifizierung der Zusammenhänge unter den Beurteilungsgrößen zusammengestellt. Sie bestätigen, trotz

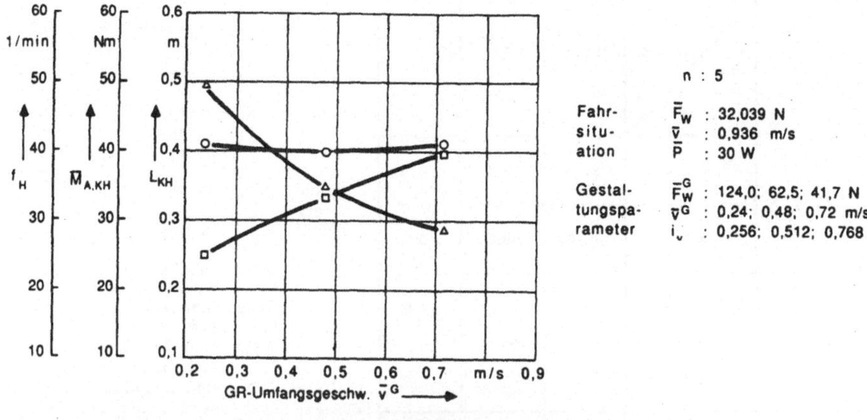

Beurteilungsgröße			Regressionsmodell: $\hat{y}=a+bx+cx^2$			
			Konstanten			r_n
			a	b	c	
L_{KH}	Krafthublänge	○	0,44	-0,16	0,17	0,10
$\bar{M}_{A,KH}$	Mittlere Antriebskraft im Krafthub	△	70,4	-105,6	66,0	0,94
f_H	Hubfrequenz	□	14,6	46,1	-15,0	0,86

Bild 33: Krafthublänge, Mittleres Antriebsmoment im Krafthub und Hubfrequenz in Abhängigkeit von der Umfangsgeschwindigkeit am GR bei einer Antriebsleistung von 30 W

der niederen Versuchspersonenanzahl, weitgehend die oben durchgeführte Ergebnisdiskussion.

Ausgehend von den Versuchsergebnissen in den Bildern 30, 31 und 32 kann die Arbeitshypothese, nach der sich abhängig von der Umfangsgeschwindigkeit am GR eine minimale Beanspruchung und maximale energetische Effizienz ergibt, und die Arbeitshypothese, nach der diese optimale GR-Umfangsgeschwindigkeit von der Antriebsleistung abhängt, bestätigt werden. Die Arbeitshypothese, nach der die optimale Umfangsgeschwindigkeit am GR weitgehend unabhängig von der Fahrsituation ist, wird durch das Ergebnis in Bild 34 gestützt. Dort sind, exemplarisch für die Antriebsleistung von 30 W, die Beanspruchungsgrößen und physiologischen Aktivitätsgrößen bei verschiedenen Fahrsituationen und gleicher GR-Umfangsgeschwindigkeit zusammengestellt.

$\bar{F}_W/N$ / $\bar{v}/(m/s)$ / i_v (Beurteilungsgröße)	32,039 0,936 0,768	16,333 1,836 0,392	Differenz
APFM/(1/min)	37,9	36,4	4,0 %
EPS	70,6	68,8	2,5 %
AEUM/(kJ/min)	17,4	17,7	1,7 %
$\eta_N/(\%)$	10,7	10,4	2,9 %
Urteil	2,4	2,8	0,4

n : 5

Fahrsituation
$\bar{F}_W$: variabel
$\bar{v}$: variabel
$\bar{P}$: 30 W

Gestaltungsparameter
$\bar{F}_W^G$: 47,666 N
$\bar{v}^G$: 0,720 m/s
i_v : variabel

APFM : Arbeitspulsfrequenzmittelwert
EPS : Erholungspulssumme
AEUM : Arbeitsenergieumsatzmittelwert
η_N : Physiologischer Wirkungsgrad

Bild 34: Beurteilungsgrößen in Abhängigkeit von der Fahrsituation bei einer Antriebsleistung von 30 W

Im Anhang 8.3.2, Bild A49, A50 und A51 sind die Mittelwerte aller Beanspruchungsgrößen und der physiologischen Aktivitätsgrößen für die Leistungsstufen $\bar{P}$ = 20 und 30 W sowie die Mittelwerte der mechanischen Aktivitätsgrößen bei der Antriebsleistung von 30 W dargestellt. Keine der Mittelwertdifferenzen konnte statistisch gesichert werden, und auch die Varianzanalyse zeigte keine statistisch gesicherte Abhängigkeit der Beurteilungsgrößen von der Fahrsituation. Auch wenn dieses Ergebnis bei weiteren Ausprägungen der GR-Umfangsgeschwindigkeit und mit mehr Versuchspersonen überprüft werden muß, weisen diese Versuche auf eine Unabhängigkeit der optimalen Umfangsgeschwindigkeit am GR von der Fahrsituation hin.

5.2.5 Diskussion der Versuchsergebnisse

Ausgehend von den Ergebnissen der experimentellen Untersuchungen können für die RS-Entwicklung und -Versorgung die optimalen Gesamtübersetzungen in Bild 35 vorgeschlagen werden. Die Fahrsituationen entsprechen, wie in Bild 29, den Bedingungen des exemplarischen RS-Gesamtsystems (s. Anhang 8.2.1). Die Übersetzungsoptima wurden anhand der Arbeitsenergieumsatzminima in jeder Leistungsstufe berechnet und entsprechen den Übersetzungen mit der höchsten energetischen Effizienz der Arbeitsbewegung. Damit wurde bei der Ableitung der Empfehlungen für die optimale Übersetzung am GRRS, wie bei den zurückliegenden Untersuchungen zur Übersetzung an handbetriebenen Arbeitsmitteln, dem Arbeitsenergieumsatz der Vorzug vor den Beanspruchungsgrößen gegeben. Aus den Gesamtübersetzungen $i_{v,opt}$ in Bild 35 lassen sich mit der Übersetzung i_d nach der Gleichung (7) (s. Abschn. 3.3.3) die optimalen Getriebeübersetzungen $i_{\omega,opt}$ berechnen. Diese haben, bei strenger Übertragung der Versuchsbedingungen, Gültigkeit für GR-Durchmesser von 520 mm und konstante Fahrgeschwindigkeiten.

Antriebsleistung											
$\bar{P} = 20$ W				$\bar{P} = 30$ W				$\bar{P} = 40$ W			
$\bar{v}^G_{opt}$: 0,508 m/s				$\bar{v}^G_{opt}$: 0,564 m/s				$\bar{v}^G_{opt}$: 0,758 m/s			
$\bar{F}^G_{W,opt}$: 39,37 N				$\bar{F}^G_{W,opt}$: 53,19 N				$\bar{F}^G_{W,opt}$: 52,77 N			
Fahrsituation				Fahrsituation				Fahrsituation			
ß	$\bar{F}_W$	$\bar{v}$	$i_{v,opt}$	ß	$\bar{F}_W$	$\bar{v}$	$i_{v,opt}$	ß	$\bar{F}_W$	$\bar{v}$	$i_{v,opt}$
0	8,5	2,36	0,22	0	8,5	3,54	0,16	0	8,5	4,72	0,16
1	24,2	0,83	0,61	1	24,2	1,24	0,45	1	24,2	1,65	0,46
2	39,9	0,50	1,02	2	39,9	0,75	0,75	2	39,9	1,00	0,76
				3	55,6	0,54	1,04	3	55,6	0,72	1,05
								4	71,3	0,56	1,35

$\bar{F}_W$: Fahrwiderstand in N
$\bar{v}$: Fahrgeschwindigkeit in m/s
ß : Fahrbahnlängsneigung in (°)
D : 520 mm

$\bar{P}$: Antriebsleistung in W
$\bar{F}^G_{W,opt}$: Optimaler Antriebswiderstand am GR in N
$\bar{v}^G_{opt}$: Optimale Umfangsgeschwindigkeit am GR in m/s
$i_{v,opt}$: Optimale Gesamtübersetzung

Bild 35: Optimale Gesamtübersetzung auf der Basis der Arbeitsenergieumsatzminima in Abhängigkeit von der Fahrsituation und der Antriebsleistung

Die Angaben zur optimalen Übersetzung in Bild 35 können, abhängig von der vorliegenden Antriebsaufgabe, zur Wahl einer günstigen festen Übersetzung oder eines günstigen Übersetzungsbereichs herangezogen werden. Es ist zu erkennen, daß weniger eine Anpassung der Übersetzung an die Antriebsleistung als an die Fahrsituation erforderlich ist. Dies weist auf die Notwendigkeit eines schaltbaren Getriebes hin, um dem RS-Benutzer eine Übersetzungsanpassung an die Fahrbahneigenschaften zu ermöglichen. Im Gegensatz zu den bisherigen Untersuchungen zur Übersetzung am GRRS, die unabhängig von der Fahrsituation und der Antriebsleistung eine optimale Gesamtübersetzung ergaben (s. Abschn. 3.6.2.2), stellen die Angaben in Bild 35 wesentlich differenziertere Hinweise für die RS-Entwicklung und -Versorgung dar.

Das Bild 36 zeigt den Verlauf des Antriebswiderstandes $\bar{F}_{W,opt}^{G}$ und der Umfangsgeschwindigkeit $\bar{v}_{opt}^{G}$ in Abhängigkeit von der Antriebsleistung. Den Regressionskurven liegen jeweils fünf Einzelwerte zugrunde. Die Werte bei den Antriebsleistungen $\bar{P}$ = 20, 30 und 40 W entsprechen den Optima in Bild 35. Die Werte bei der Antriebsleistung von 10 W wurden aus der Übersetzung von i_V = 0,5 nach Brubaker /9/ ermittelt (s. Abschn. 3.6.2.2, Bild 8). Zur Berechnung der Kurven wurde darüber hinaus der Koordinatenursprung herangezogen.

Die Kraft- und Geschwindigkeitsverläufe in Bild 36 geben über das optimale Kraft-Geschwindigkeits-Verhältnis $\bar{F}_{W,opt}^{G}/\bar{v}_{opt}^{G}$ am GR abhängig von der Antriebsleistung Aufschluß. Danach werden beim Antreiben des GRRS energetisch effektive Arbeitsbedingungen erreicht, wenn im Leistungsbereich 5 W $\leq \bar{P} \leq$ 25 W einer zunehmenden Antriebsleistung stärker durch eine Erhöhung der Antriebskraft und im Leistungsbereich darüber vermehrt durch eine Erhöhung der Bewegungsgeschwindigkeit entsprochen wird. Anhand der Regressionskurven läßt sich für jede beliebige Antriebsleistung die optimale Umfangsgeschwindigkeit am GR berechnen.

Das Bild 37 zeigt den Arbeitsenergieumsatz, den Anteil des Arbeitsenergieumsatzes aufgrund der Manipulationsarbeit und den Physiologischen Wirkungsgrad in Abhängigkeit von der Antriebsleistung. Die in Bild 37 gekennzeichneten Einzelwerte ergeben sich bei der optimalen GR-Umfangsgeschwindigkeit $\bar{v}_{opt}^{G}$ in Bild 35. Die Werte des Arbeitsenergieumsatzes für die Manipulationsarbeit wur-

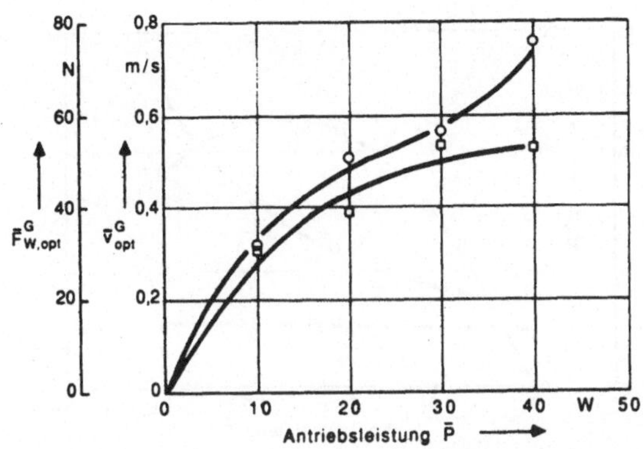

Größe			Regressionsmodell: $\hat{y}=a+bx+cx^2+dx^3$				
			Konstanten				r_n
			a	b	c	d	
$\bar{v}_{opt}^{G}$	Optimale Umfangsge-schwindigkeit am GR	o	-0,00386	0,04792	-0,00162	0,00002	0,99
$\bar{F}_{W,opt}^{G}$	Optimaler Fahrwider-stand am GR	□	0,69671	3,55877	-0,08562	0,00074	0,99

Bild 36: Fahrwiderstand und Umfangsgeschwindigkeit am GR bei
optimaler Übersetzung in Abhängigkeit von der Antriebsleistung

den, auf der Basis der Hubfrequenzen bei den optimalen Umfangsgeschwindigkeiten, anhand der Regressionskurve des Arbeitsenergieumsatzes in Bild 4 (s. Abschn. 3.4.2) berechnet. Die Regressionskurven für den Arbeitsenergieumsatz $AEUM_{opt}$ und den Physiologischen Wirkungsgrad $\eta_{N,opt}$ in Bild 37 ergaben sich unter der zu-
sätzlichen Prämisse, daß der Physiologische Wirkungsgrad durch
den Koordinatenursprung verläuft. Die Verläufe in Bild 37 weisen,
im Gegensatz zu den Ergebnissen von Lesser /67/ (s. Abschn.
3.4.3), auf die Gültigkeit der Johannson`schen Regel für die Ar-
beitsbewegung beim Antreiben des GRRS hin.

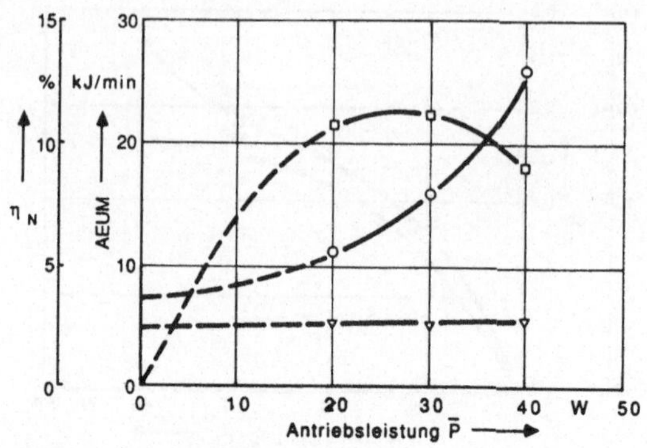

AEUM$_{opt}$	O	Arbeitsenergieumsatzmittelwert bei $\bar{v}^G_{opt}$
AEUM$_{MA,opt}$	▽	Arbeitsenergieumsatzmittelwert der Manipulationsarbeit bei $\bar{v}^G_{opt}$
$\eta_{N,opt}$	□	Physiologischer Wirkungsgrad bei $\bar{v}^G_{opt}$

Bild 37: Arbeitsenergieumsatz und Physiologischer Wirkungsgrad bei optimaler Übersetzung in Abhängigkeit von der Antriebsleistung

5.3 Gestaltung der Greifreifenhandseite

Die Optimierung der GR-Handseite kann als Feingestaltung des Antriebssystems am GRRS aufgefaßt werden. Wie die Literaturanalyse zeigt, wurde ihr bei den zurückliegenden Forschungs- und Entwicklungsbemühungen zur RS-Gestaltung nur eine untergeordnete Bedeutung beigemessen (s. Abschn. 3.6.2.3). Man beschränkte sich weitgehend auf die Untersuchung handelsüblicher GR-Modelle und ließ die Bremsaufgabe unberücksichtigt. Die Erfahrungen bei der Gestaltung gewerblich genutzter Arbeitsmittel (vgl. Bullinger u.a. /18/) und die Analyse der Arbeitsbewegung beim Fahren mit dem GRRS (s. Abschn. 3.4) weisen darauf hin, daß die Bedingungen der Hand-GR-Kopplung beanspruchungs- und leistungsbestimmend wirken können. Die Bedeutung der Handseite wird auch durch die RS-Benutzerbefragung (s. Abschn. 3.5) bestätigt. Dabei stuften 51 % der Befragten die Anpassung der Querschnittform und -abmessung an die

Anatomie der Hand, 35 % eine Beschichtung mit elastischem Werkstoff und 67 % eine Erhöhung des Reibungsbeiwertes der GR-Oberfläche als gute Entwicklungsansätze ein.

5.3.1 Arbeitshypothesen

Die Gestaltungsparameter der GR-Handseite in Abschn. 4.1.1 wurden aufgrund der Arbeitshypothese ausgewählt, daß von ihnen die Beanspruchung insbesondere in den Beanspruchungsengpässen

o Beanspruchung lokaler Muskelgruppen des Hand-Arm-Systems
o Beanspruchung der Haut im Innenhandbereich durch Druck- und
   Scherkräfte und
o Wärmebeanspruchung der Haut im Innenhandbereich beim Bremsen

abhängt. Neben den hier berücksichtigten Gestaltungsparametern wird die Hand-GR-Kopplung und damit die Beanspruchung in den oben genannten Engpässen durch weitere Faktoren bestimmt. Dazu gehören der GR-Verlauf, der in Abschn. 5.1 untersucht wurde, die Eigenschaften und Fähigkeiten des RS-Benutzers, die Fahraufgabe und die Umgebungseinflüsse.

Im folgenden werden die wichtigsten Arbeitshypothesen zusammengestellt, die der Entwicklung alternativer Gestaltungsparameterausprägungen zugrunde lagen. Die postulierten Effekte beziehen sich dabei auf die Handseitengestaltung im Istzustand (s. Abschn. 3.2.2). Die Mehrzahl der Arbeitshypothesen setzt folgende zentrale hypothetische Annahmen voraus.

1. Durch die Senkung der Kopplungskraft der Hand am GR werden
   beim Antreiben die Muskelbeanspruchung im Hand-Arm-System sowie die Druck- und Scherkräfte an der Haut im Innenhandbereich
   reduziert.

2. Eine Vergrößerung der Kopplungsfläche zwischen Hand und GR
   senkt beim Antreiben und Bremsen die Druck- und Scherkräfte an
   der Innenhand und reduziert beim Bremsen die Wärmebeanspru-

chung der Haut im Innenhandbereich durch eine schnellere Wärmeableitung über eine größere GR-Fläche.

Mit der Anpassung der Querschnittform an die Anatomie der Hand und der Vergrößerung der Querschnittabmessung waren folgende Arbeitshypothesen verknüpft:

o Die Kopplungsfläche vergrößert sich.
o Durch die Beteiligung weiterer Fingerglieder und damit Muskelgruppen an der Hand-GR-Kopplung und die Reduzierung der Flexion in den Fingergelenken wird die Muskelbeanspruchung reduziert. Die zurückliegenden Untersuchungen zur isometrischen Handschließkraft zeigen eine Abhängigkeit der Maximalkraft vom Flexionswinkel der Fingergelenke, wobei die Angaben zum optimalen Schenkelabstand am verwendeten Handdynamometer bei ca. 50 mm liegen (vgl. Montoye u.a./79/, Petrofsky /88/).

Diese Arbeitshypothesen zur Querschnittform- und -abmessung werden durch Untersuchungsergebnisse von Bullinger u.a. /18/ gestützt, die eine Abhänigkeit der maximalen isometrischen Armdruckkraft bei reibschlüssiger Kraftübertragung vom Griffdurchmesser ergaben, wobei der optimale Durchmesser zwischen 30 und 35 mm lag.

Bei der Verwendung von Handschuhen wurden gegenüber der unbehandschuhten Hand folgende Vorteile erwartet:

o Der Reibungsbeiwert bei der reibschlüssigen Kraftübertragung wird erhöht und damit die notwendige Kopplungskraft gesenkt. Insbesondere gilt dies bei nasser Kopplungsfläche, wie sie bei ungünstigen Witterungseinflüssen auftreten kann.
o Die Wärmebeanspruchung der Haut im Innenhandbereich beim Bremsen wird reduziert.

Mit der Untersuchung des Gestaltungsparameters Werkstoff wurden folgende Arbeitshypothesen überprüft:

o Durch die Verwendung von Werkstoffen mit hohem Reibungsbeiwert
   (vgl. Bullinger u.a. /17/) kann die notwendige Kopplungskraft
   reduziert werden.

o Die Kopplungsfläche beim Antreiben wird durch die Verwendung
   druckanthropomorpher Werkstoffe vergrößert, wobei ihre Eignung
   von der Lage am Querschnittumfang des GR abhängt.

Bei der Verwendung von handelsüblichen Werkstoffen mit hohem Reibungsbeiwert und druckanthropomorphen Eigenschaften ist zu beachten, daß diese eine geringere Wärmeleitfähigkeit aufweisen und
damit beim Bremsen die Wärmeableitung von der Kopplungsfläche
verschlechtern.

Mit der Überprüfung einer Profilierung war die Arbeitshypothese
verbunden, daß die Antriebskraft in Teilen formschlüssig übertragen und damit die Kopplungskraft reduziert werden kann. Dabei
hängt die Eignung des Profils von seiner Abmessung und seiner Lage am Querschnittumfang des GR ab.

5.3.2 <u>Versuchsplanung</u>

Aufgrund der Vielzahl möglicher Gestaltungsparameterausprägungen
einerseits und des hohen technischen Aufwands zur Fertigung der
Modellalternativen andererseits wurde die experimentelle Untersuchung zur Handseitengestaltung in statische Vorversuche und einen
dynamischen Hauptversuch getrennt. Für alle Versuche wurden 10
Versuchspersonen eingesetzt.

Bei den vier Vorversuchen wurde der Maximalkrafttest auf dem RS-
Simulator durchgeführt (s. Abschn. 4.2.1) und als Beurteilungsgrößen wurden die Maximalkraft und das Subjektive Urteil herangezogen (s. Abschn. 4.1.3). Die Vorversuche erlaubten den Einsatz
von kreisbogenförmigen Modellsegmenten mit einem Bogen von
180 mm. Die Anordnung der Modellsegmente relativ zum Körper ist
im Anhang 8.2.4, Bild A19 wiedergegeben. Es wurde die GR-Lage
L_x = 75 mm, L_y = 110 mm und L_z = 50 mm zugrundegelegt. Die Grund-
anordnung wurde bei der Segmentstellung "oben" und, um den Ana-

lyseergebnissen zur Handhaltung bei der Hand-GR-Kopplung zu entsprechen (s. Abschn. 3.4.1.2), der Segmentschwenkung von 20° festgelegt. Bei der Modellentwicklung wurde streng auf die isolierte Variation der unabhängigen Variablen geachtet.

Bei den statischen Vorversuchen konnte aufgrund des begrenzten fertigungstechnischen Aufwands eine große Zahl möglicher Gestaltungsparameterausprägungen überprüft werden. Um die Generalisierbarkeit der Versuchsergebnisse zu sichern, wurden im Rahmen des Hauptversuchs dynamische Tests durchgeführt. Dafür wurden, ausgehend von den Ergebnissen der Vorversuche, zehn Modellalternativen entwickelt und als Reifen gefertigt. Bei dem Hauptversuch wurde auf dem RS-Simulator der Schnellfahr- und Bremstest (s. Abschn. 4.1.4) mit je einer Testwiederholung durchgeführt. Für die Testwiederholung wurde ein zweiter Versuchstag vorgesehen. Die unterschiedlichen Massenträgheitsmomente der Modelle wurden bei der Simulation der Fahraufgaben auf dem RS-Simulator ausgeglichen. Um neben dem Antreiben und Bremsen der Beurteilung der Modellalternativen weitere Fahraufgaben zugrunde zu legen, wurde der Parcourstest (s. Abschn. 4.1.4) durchgeführt.

Bei dem Schnellfahr- und Bremstest wurde die Fahrstrecke bzw. der Bremsweg als Beurteilungsgröße herangezogen (s. Abschn. 4.1.3). Die Beurteilungsgröße Subjektives Urteil wurde entsprechend den Fahraufgaben Antreiben, Bremsen und Manövrieren aufgeteilt. Das Subjektive Urteil beim Antreiben und Bremsen ergab sich als arithmetisches Mittel der drei Einzelwerte beim Schnellfahr-, Brems- und Parcourstest. Das Subjektive Urteil bei der Fahraufgabe Manövrieren wurde beim Parcourstest erhoben.

Abhängig von der kardiopulmonalen Leistungsfähigkeit der Versuchspersonen wurden beim Schnellfahrtest die Fahrwiderstände $\overline{F}_W$ = 26,6, 40 und 53,3 N gewählt. Dem Hauptversuch wurden die Gestaltungsparameterausprägungen des GR-Verlaufs L_x = 50 mm, L_y = 110 mm, L_z = 50 mm, D = 520 mm und Y = 0° sowie die Übersetzung i_v = i_d = 0,86 zugrundegelegt. Der Abstand des Querschnittmittelpunkts der GR-Modelle zur Antriebsradfelge betrug 35 mm.

Um die Übertragbarkeit der Versuchsergebnisse im Labor auf die praktische Anwendung zu überprüfen, wurde mit den besten Modellalternativen des Hauptversuchs eine Feldevaluierung durchgeführt. Dafür wurden die Modellalternativen vier Versuchspersonen für ca. 3 Tage zum praktischen Gebrauch im Alltag überlassen und das Subjektive Urteil zu den Fahraufgaben Antreiben, Bremsen und Manövrieren erfragt.

5.3.3   Versuche zur Handseitengestaltung
5.3.3.1   Vorversuche
5.3.3.1.1 Querschnittform und -abmessung

In den Bildern 38 und 39 sind die für den Versuch entwickelten Alternativen dargestellt und die Mittelwerte der Beurteilungsgrößen zugeordnet. Zur Klassifizierung der Modelle nach der Querschnittabmessung wurde das Querschnittmaß q herangezogen. Im Anhang 8.3.3.1, Bild A52 und A53 ist die detaillierte Bemaßung der Alternativen mit dem Querschnittmaß von 30 mm angegeben. Das Modell mit zylindrischem Querschnitt und dem Querschnittmaß von 20 mm entspricht dem gebräuchlichen Istzustand (s. Abschn. 3.2.2).

Die Varianzanalyse wies bei beiden Beurteilungsgrößen sowohl für die Querschnittform als auch -abmessung einen signifikanten Anteil (p < 0,001) der erklärten Varianz aus. Nach den Ergebnissen in den Bildern 38 und 39 liegen bei dem Modell mit der Querschnittform 3 und dem Querschnittmaß von 35 mm die höchste Maximalkraft und das beste Subjektive Urteil vor. Wie der Mittelwertvergleich im Anhang 8.3.3.2, Bild A63 und A64 zeigt, konnte mit diesem Modell gegenüber dem Istzustand eine signifikante Erhöhung (p < 0,01) der Maximalkraft um 23 % und eine Verbesserung des Subjektiven Urteils um eine Bewertungsstufe erreicht werden.

In Bild 40 sind die Maximalkraft und das Subjektive Urteil für die zylindrische Querschnittform in Abhängigkeit vom Querschnittmaß dargestellt. Die höchste Maximalkraft ergab sich bei dem Querschnittmaß von ca. 37 mm und die beste subjektive Beurteilung

Querschnittform \ q/mm	15	20	25	30	35	40	45	alle Maße
1	57,2 (19)	66,0 (18)	73,0 (10)	68,4 (16)	72,9 (11)	72,0 (13)	73,4 (8)	71,7 q 30-45
2				69,0 (15)	78,5 (3)	78,6 (2)	75,8 (6)	75,5
3				76,6 (5)	81,2 (1)	78,3 (4)	73,6 (7)	77,4
4				68,4 (16)	73,1 (9)	71,5 (14)	72,8 (12)	71,5
alle Formen				70,6	76,4	75,1	73,9	

Bild 38: Maximalkraft in Abhängigkeit von der Querschnittform und -abmessung

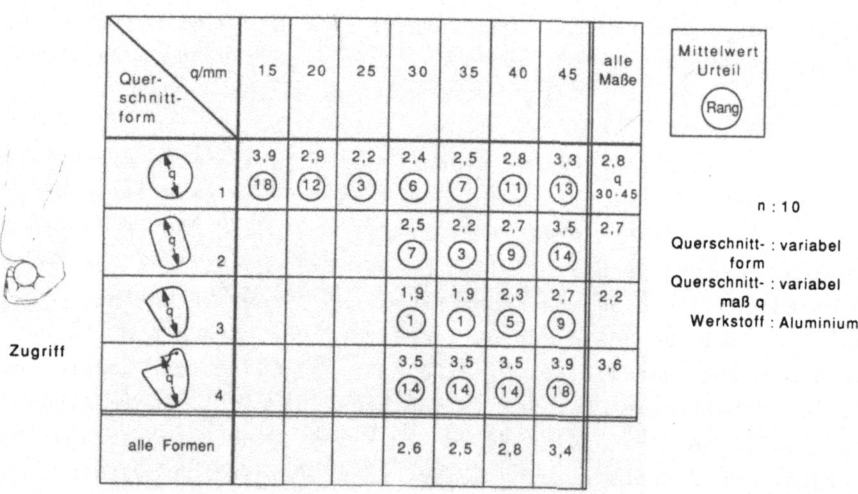

Querschnittform \ q/mm	15	20	25	30	35	40	45	alle Maße
1	3,9 (18)	2,9 (12)	2,2 (3)	2,4 (6)	2,5 (7)	2,8 (11)	3,3 (13)	2,8 q 30-45
2				2,5 (7)	2,2 (3)	2,7 (9)	3,5 (14)	2,7
3				1,9 (1)	1,9 (1)	2,3 (5)	2,7 (9)	2,2
4				3,5 (14)	3,5 (14)	3,5 (14)	3,9 (18)	3,6
alle Formen				2,6	2,5	2,8	3,4	

Bild 39: Subjektives Urteil in Abhängigkeit von der Querschnittform und -abmessung

bei dem Querschnittmaß von ca. 30 mm. Eine vergleichbare Differenz zwischen der objektiven und subjektiven Beurteilungsgröße zeigte sich bei allen Querschnittformen.

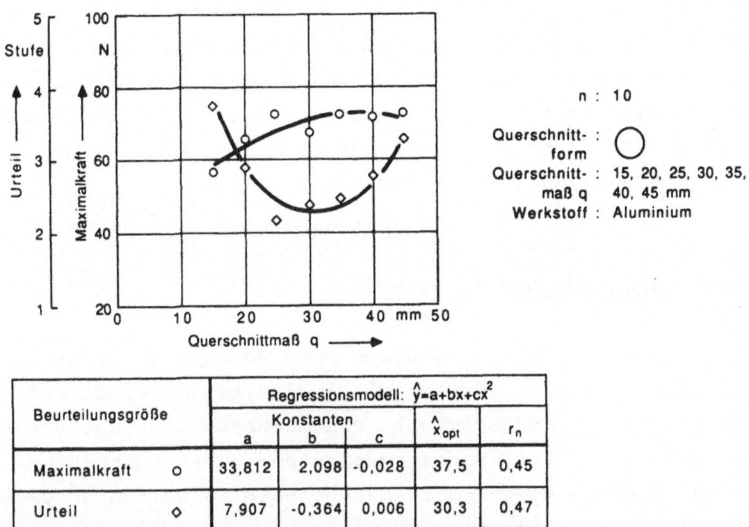

Beurteilungsgröße		Regressionsmodell: $\hat{y}=a+bx+cx^2$				
		Konstanten			$\hat{x}_{opt}$	r_n
		a	b	c		
Maximalkraft	o	33,812	2,098	-0,028	37,5	0,45
Urteil	◊	7,907	-0,364	0,006	30,3	0,47

Bild 40: Maximalkraft und Subjektives Urteil in Abhängigkeit vom Querschnittmaß für die zylindrische Querschnittform

Die Bilder A65 und A66 im Anhang 8.3.3.2 zeigen den Mittelwertvergleich der Maximalkraft und des Subjektiven Urteils für die Querschnittformen bei einer Mittelwertbildung über alle Querschnittmaße. Danach ergaben sich bei der Querschnittform 3 die höchste Maximalkraft und das beste Subjektive Urteil.

Im Anhang 8.3.3.2, Bild A67 und A68 sind die Mittelwerte der Maximalkraft bei Variation der Segmentstellung und -schwenkung zusammengestellt. Beim Mittelwertvergleich konnten keine signifikanten Unterschiede zwischen den alternativen Segmentanordnungen festgestellt werden.

Um die Abhängigkeit der Beurteilungsgrößen von der Handlänge zu untersuchen, wurde das Versuchspersonenkollektiv in zwei gleich große Gruppen mit unterschiedlicher Handlänge unterteilt. Im Anhang 8.3.3.2, Bild A69, A70, A71 und A72 sind die Mittelwerte der Maximalkraft und des Subjektiven Urteils beider Teilkollektive wiedergegeben. Bei einer Alternativengegenüberstellung aufgrund der Mittelwerte über alle Querschnittformen bzw. -maße ergeben sich zwischen den Teilkollektiven und gegenüber dem vollständigen Versuchspersonenkollektiv nur unwesentliche Unterschiede. Lediglich bei der Beurteilung anhand des Subjektiven Urteils wurden von der Versuchspersonengruppe mit kleiner Handlänge die Querschnittmaße von 30 und 35 mm und die Querschnittform 3 deutlicher gegenüber den jeweiligen Alternativen bevorzugt.

5.3.3.1.2 Handschuh und Werkstoff

Bei dem Versuch wurde der Einfluß der Benutzung verschiedener Handschuhtypen auf die Beurteilungsgrößen Maximalkraft und Subjektives Urteil in Abhängigkeit vom GR-Werkstoff und vom Umgebungseinfluß untersucht. Dabei wurden der unbehandschuhten Hand ein Rennrad-Handschuh, der bei RS-Benutzern am weitesten verbreitet ist, ein handelsüblicher RS-Handschuh und ein zusätzlich an der Innenhand gepolsterter RS-Handschuh gegenübergestellt. Rennrad- und RS-Handschuh sind im Anhang 8.3.3.1, Bild A54 dargestellt.

In Bild 41 sind die Mittelwerte der Maximalkraft und im Anhang 8.3.3.2, Bild A73 die Mittelwerte des Subjektiven Urteils zusammengestellt. Die varianzanalytische Überprüfung der Mittelwerte ergab eine signifikante Abhängigkeit ($p < 0,001$) der Beurteilungsgrößen lediglich von dem Gestaltungsparameter Werkstoff. Aufgrund der Mittelwerte und des Mittelwertvergleichs ist folgende zusammenfassende Bewertung der Versuchsergebnisse möglich:

o Der gepolsterte RS-Handschuh kannn als schlechteste Handschuhalternative aus der weiteren Ergebnisdiskussion ausgeschlossen werden.

o Beim Umgebungseinfluß "trocken" zeigen beide Beurteilungsgrößen für die unbehandschuhte Hand und den RS-Handschuh nahezu gleiche Mittelwerte über alle Werkstoffe. Der Rennrad-Handschuh kann als drittbeste Alternative bezeichnet werden. Beim Umgebungseinfluß "naß" wirkt sich die Handschuhbenutzung gegenüber der unbehandschuhten Hand vorteilhaft aus, wobei der RS-Handschuh als beste Alternative genannt werden kann.

o Unabhängig von der Handschuhbenutzung und dem Umgebungseinfluß kann ausgehend von beiden Beurteilungsgrößen für den Gestaltungsparameter Werkstoff die Rangreihe Latex, Polyoxymethylen, Aluminium erstellt werden. Dabei konnten die Mittelwertdifferenzen häufig statistisch gesichert werden.

Umgebungseinfluß	Handschuh / Werkstoff	ohne Handschuh	Rennrad-Handschuh	Rollstuhl-Handschuh	Rollstuhl-Handschuh, gepolstert	alle Handschuhe
trocken	Aluminium	74,6	71,8	76,5	71,2	73,2
trocken	Polyoxymethylen	69,4	65,6	70,6	70,7	69,0
trocken	Latex	91,8	93,1	87,4	89,5	90,0
trocken	alle Werkstoffe	78,6	76,8	78,2	77,1	77,4
naß	Aluminium	70,8	76,9	75,6		76,3
naß	Polyoxymethylen	69,2	70,5	74,7		72,6
naß	Latex	79,3	86,2	90,4		88,3
naß	alle Werkstoffe	73,1	77,9	80,2		79,1
alle Umgebungseinflüsse	Aluminium	72,7	74,4	76,1		74,8
alle Umgebungseinflüsse	Polyoxymethylen	69,3	68,1	72,7		70,8
alle Umgebungseinflüsse	Latex	85,6	89,7	88,9		89,2
alle Umgebungseinflüsse	alle Werkstoffe	75,9	77,4	79,2		78,3

Bild 41: Maximalkraft in Abhängigkeit von der Handschuhgestaltung, dem Werkstoff und dem Umgebungseinfluß

5.3.3.1.3 Druckanthropomorpher Werkstoff

In Bild 42 sind die beim Versuch berücksichtigten Modelle schematisch dargestellt und die Mittelwerte der Beurteilungsgrößen zugeordnet. Einem Modell ohne wurden fünf Alternativen mit druckanthropomorphem Werkstoff bei unterschiedlicher Lage am Querschnittumfang gegenübergestellt. Da aufgrund der Werkstoffeigenschaften bei der Bremsaufgabe eine geringe Wärmeableitung über den GR ermöglicht wird, wurde bei den Modellen 4, 5 und 6 der druckanthropomorphe Werkstoff lediglich im Bereich der Fingergrund- und/oder Fingerendglieder vorgesehen, um so für das Bremsen Kopplungsflächen mit niedrigerem Reibungsbeiwert zu ermöglichen. Die Modelle sind im Anhang 8.3.3.1, Bild A55 und A56 detailliert beschrieben.

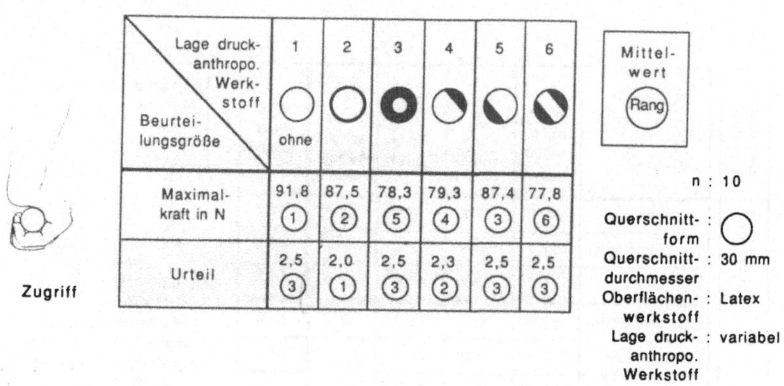

Bild 42: Maximalkraft und Subjektives Urteil bei der Verwendung druckanthropomorphen Werkstoffs

Die varianzanalytische Überprüfung der in Bild 42 angegebenen Mittelwerte ergab nur für die Maximalkraft eine signifikante Abhängigkeit ($p < 0{,}05$) von den Modellen. Wie die Ergebnisse in Bild 44 zeigen, konnte durch Verwendung des druckanthropomorphen Werkstoffs keine Erhöhung der Maximalkraft erreicht werden. Dies kann damit erklärt werden, daß einerseits, insbesonders bei den Modellen 3 und 6, durch die elastischen Eigenschaften des Werkstoffs der die Finger stabilisierende Fingerverbund aufgelöst wird und andererseits bei dem Modell 1 durch die kurze Belastungsdauer während des Maximalkrafttests die Druck- und Scherkräfte an der Handinnenfläche nicht leistungsbegrenzend wirken. Die Ergebnisse in Bild 42 und der Mittelwertvergleich im Anhang 8.3.3.2, Bild A74 zeigen neben dem Modell 1 hohe Maximalkräfte auch für die Modelle 2 und 5.

5.3.3.1.4 Profil

Die für den Versuch entwickelten Alternativen sind in Bild 43 schematisch dargestellt und im Anhang 8.3.3.1, Bild A57 und A58 detailliert beschrieben. Einem Modell ohne Profil wurden 4 Profilalternativen mit je zwei Abmessungen gegenübergestellt. Die Profilanordnung am Querschnittumfang bei den Modellen 3, 4 und 5 ermöglicht für die Bremsaufgabe die Hand-GR-Kopplung an unprofilierten GR-Flächen.

Profilabmessung \ Lage Profil	1 ohne	2	3	4	5	alle Profile
groß		81,7 (1)	73,8 (8)	80,7 (2)	79,9 (3)	79
	69,4 (9)	2,7	2,9	2,9	2,8	2,8
klein	3,1	74,2 (6)	73,9 (7)	78,5 (4)	75,1 (5)	75
		2,7	2,9	2,9	2,9	2,9

Zugriff

Legende:
- Mittelwert Maximalkraft in N (Rang)
- Mittelwert Urteil
- n : 10
- Querschnittform : ◯
- Querschnittdurchmesser q : 30 mm
- Werkstoff : Polyoxymethylen
- Lage Profil : variabel
- Profilabmes. : variabel

Bild 43: Maximalkraft und Subjektives Urteil bei der Verwendung eines Profils

Mit der Varianzanalyse konnte nur für die Beurteilungsgröße Maximalkraft eine signifikante Abhängigkeit ($p < 0,01$) von den Modellen nachgewiesen werden. Wie die Mittelwerte in Bild 43 und der Mittelwertvergleich im Anhang 8.3.3.2, Bild A75 zeigen, konnte durch ein Profil die Maximalkraft gegenüber der unprofilierten Alternative gesteigert werden, wobei mit der großen Profilabmessung die höheren Mittelwerte erreicht wurden. Neben der Vollprofilierung kann das Modell 4 als günstig beurteilt werden.

5.3.3.2   <u>Hauptversuch</u>
5.3.3.2.1   <u>Beschreibung der Gestaltungsalternativen</u>

Die Modelle des Hauptversuchs sind in Abschn. 5.3.3.2.2, Bild 44 schematisch dargestellt und im Anhang 8.3.3.1, Bild A59, A60, A61 und A62 ausführlich beschrieben. Das Modell 1 entspricht bezüglich der Querschnittform und -abmessung der bei den Vorversuchen gefundenen besten Gestaltungsalternative. Beim Modell 2 wurde die Querschnittform des Modells 1 beibehalten, jedoch eine größere Querschnittabmessung gewählt. Damit sollte der günstigen Beurteilung auch größerer Querschnittabmessungen anhand der Maximalkraft in den Vorversuchen entsprochen werden.

Mit den Modellen 3 und 4 wurde der Einsatz druckanthropomorphen Werkstoffs und einer Profilierung überprüft. Das Profil (Modell 3) und der druckanthropomorphe Werkstoff (Modell 4) wurden, um negative Einflüsse bei der Bremsaufgabe zu vermeiden und aufgrund der guten Beurteilung dieser Alternativen bei den Vorversuchen, nur im Fingerkuppenbereich vorgesehen. In Querschnittform und -abmessung entsprechen die Modelle 3 und 4 dem Modell 1.

Mit den Modellen 5 und 6 wurden zwei weitere in den Vorversuchen als gut bewertete Querschnittformen auch beim dynamischen Hauptversuch berücksichtigt. Darüber hinaus wurde das Modell 6 zum Vergleich mit den Modellen 7 und 10 herangezogen. Durch eine Kautschukbeschichtung weist das Modell 7 gegenüber dem Modell 6 einen höheren Reibungsbeiwert auf.

Das Modell 9 ist ein neu im Handel eingeführter GR mit Zellgummiummantelung. Es entspricht weitgehend dem bei der Untersuchung von Lesser /67/ als optimal angegebenen GR (s. Abschn. 3.6.2.3). Um die Eignung des druckanthropomorphen Werkstoffs unabhängig von den Oberflächeneigenschaften beurteilen zu können, wurde eine Kautschukbeschichtung vorgesehen. Somit läßt sich der Einfluß des Reibungsbeiwertes beim Vergleich der Modelle 7 und 6 und der der druckanthropomorphen Eigenschaften durch den Vergleich der Modelle 9 und 7 erkennen.

Bei dem Modell 10 wurde der in den Vorversuchen als bester Handschuh eingestufte RS-Handschuh verwendet. Ansonsten sind die Modelle 10 und 6 identisch und können zur Beurteilung der Handschuhbenutzung miteinander verglichen werden. Das Modell 8 entspricht dem Istzustand (s. Abschn. 3.2.2) und dient allen übrigen Alternativen als Vergleichsmodell.

Um den Einfluß der Querschnittabmessung zu kontrollieren, wurde bei allen Modellen, mit Ausnahme der Modelle 2 und 8, der Querschnittumfang von 100 mm eingehalten. Beim Modell 9 ergibt sich dieser Querschnittumfang durch die elastische Verformung des Werkstoffs.

5.3.3.2.2 Versuchsergebnisse

Die Mittelwerte der Beurteilungsgrößen sind in Bild 44 zusammengestellt. Die Varianzanalyse ergab eine signifikante Abhängigkeit der Beurteilungsgrößen von den Modellen, wobei diese, bis auf das Subjektive Urteil beim Manövrieren mit $p < 0,05$, statistisch höchst signifikant ($p < 0,001$) gesichert werden konnte. Der Mittelwertvergleich der Leistungsgrößen ist in den Bildern 45 und 46 und der der Beanspruchungsgrößen im Anhang 8.3.3.2, Bild A76, A77 und A78 dargestellt.

Die Modelle 1 und 6 weisen bezüglich aller Beurteilungsgrößen Ränge zwischen 1 und 4 auf. Aufgrund der ausgeglichen guten Beurteilung können sie als die besten Alternativen des Hauptversuchs bezeichnet werden. In den Bildern 47 und A79 im Anhang 8.3.3.2 sind die Hand-GR-Kopplung und der Kopplungsbereich der Innenhand bei der Benutzung der Modelle 1 und 6 für die Antriebsaufgabe dargestellt. Aus dem Vergleich mit dem Bild 3 in Abschn. 3.4.1.2 geht hervor, daß bei den Modellen 1 und 6 gegenüber dem Istzustand (Modell 8) weitere Fingerglieder an der Hand-GR-Kopplung beteiligt sind und die Kopplungsfläche bei dem Modell 1 um 78,5 % und dem Modell 6 um 72,4 % vergrößert wird. Bei der Bremsaufgabe konnten vergleichbare Verbesserungen der Kopplungsbedingungen festgestellt werden.

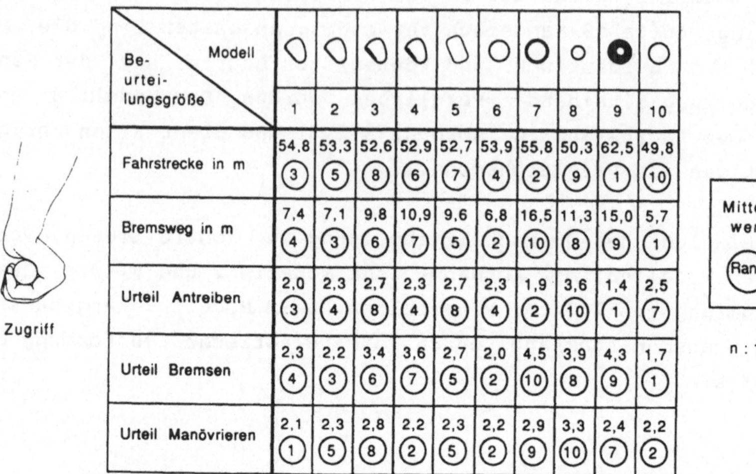

Be-urteilungsgröße	1	2	3	4	5	6	7	8	9	10
Fahrstrecke in m	54,8 (3)	53,3 (5)	52,6 (8)	52,9 (6)	52,7 (7)	53,9 (4)	55,8 (2)	50,3 (9)	62,5 (1)	49,8 (10)
Bremsweg in m	7,4 (4)	7,1 (3)	9,8 (6)	10,9 (7)	9,6 (5)	6,8 (2)	16,5 (10)	11,3 (8)	15,0 (9)	5,7 (1)
Urteil Antreiben	2,0 (3)	2,3 (4)	2,7 (8)	2,3 (4)	2,7 (8)	2,3 (4)	1,9 (2)	3,6 (10)	1,4 (1)	2,5 (7)
Urteil Bremsen	2,3 (4)	2,2 (3)	3,4 (6)	3,6 (7)	2,7 (5)	2,0 (2)	4,5 (10)	3,9 (8)	4,3 (9)	1,7 (1)
Urteil Manövrieren	2,1 (1)	2,3 (5)	2,8 (8)	2,2 (2)	2,3 (5)	2,2 (2)	2,9 (9)	3,3 (10)	2,4 (7)	2,2 (2)

Bild 44: Beurteilungsgrößen in Abhängigkeit von der Handseitengestaltung am GR

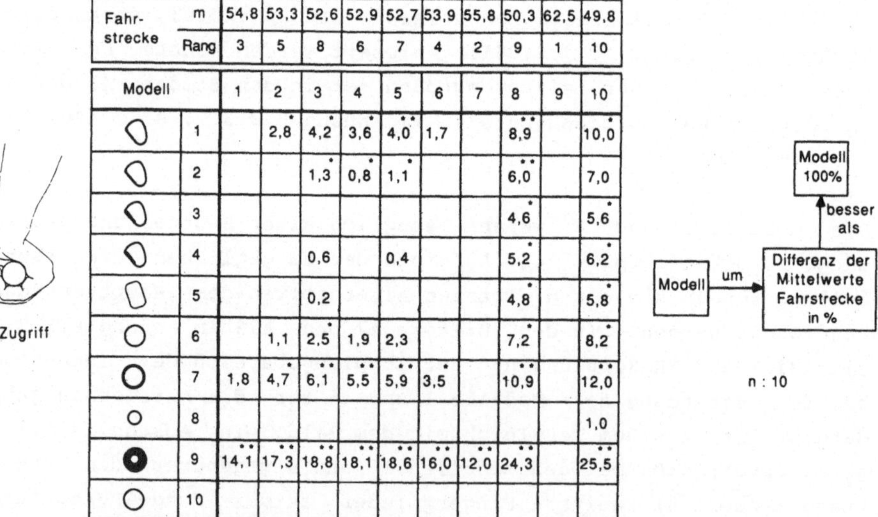

Fahrstrecke	m	54,8	53,3	52,6	52,9	52,7	53,9	55,8	50,3	62,5	49,8
	Rang	3	5	8	6	7	4	2	9	1	10
Modell		1	2	3	4	5	6	7	8	9	10
	1		2,8	4,2	3,6	4,0	1,7		8,9		10,0
	2			1,3	0,8	1,1			6,0		7,0
	3								4,6		5,6
	4			0,6		0,4			5,2		6,2
	5			0,2					4,8		5,8
	6		1,1	2,5	1,9	2,3			7,2		8,2
	7	1,8	4,7	6,1	5,5	5,9	3,5		10,9		12,0
	8										1,0
	9	14,1	17,3	18,8	18,1	18,6	16,0	12,0	24,3		25,5
	10										

Bild 45: Fahrstrecke in Abhängigkeit von der Handseitengestaltung am GR; Mittelwertvergleich

- 135 -

Bremsweg	m	7,4	7,1	9,8	10,9	9,6	6,8	16,5	11,3	15,0	5,7
	Rang	4	3	6	7	5	2	10	8	9	1
Modell		1	2	3	4	5	6	7	8	9	10
	1			24,5	32,1	22,9		55,2	34,5	50,7	
	2	4,1		27,6	34,9	26,0		57,0	37,2	52,7	
	3				10,1			40,6	13,3	34,7	
	4							33,9	3,5	27,3	
	5			2,0	11,9			41,8	15,0	36,0	
	6	8,1	4,2	30,6	37,6	29,2		58,8	39,8	54,7	
	7										
	8							31,5		24,7	
	9							9,1			
	10	23,0	19,7	41,8	47,7	40,6	16,2	65,6	49,6	62,0	

Bild 46: Bremsweg in Abhängigkeit von der Handseitengestaltung am GR; Mittelwertvergleich

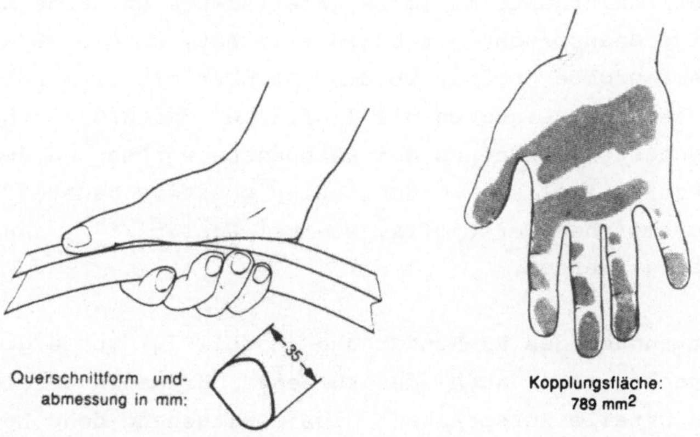

Bild 47: Hand-GR-Kopplung und Kopplungsbereich der Innenhand im GR-Scheitelpunkt beim Antreiben; Modell 1

Das Modell 8 (Istzustand) ist bezüglich aller Beurteilungsgrößen bei den drei schlechtesten Alternativen zu finden. Im Vergleich

mit dem Modell 1 liegen beim Modell 8 eine um 8,9 % verkürzte
Fahrstrecke (p < 0,01), ein um 34,5 % verlängerter Bremsweg
(p < 0,05) und je nach Fahraufgabe ein um 1,2 - 1,6 Bewertungsstufen schlechteres Subjektives Urteil (p < 0,01 bzw. p < 0,05)
vor.

Für die Modelle 7 und 9, deren GR-Oberflächen hohe Reibungsbei-
werte gleichen Betrags aufweisen, konnten, sowohl bezüglich der
objektiven als auch der subjektiven Beurteilungsgrößen, beim Antreiben die besten, beim Bremsen jedoch die schlechtesten Mittelwerte festgestellt werden. Anhand des Subjektiven Urteils beim
Manövrieren müssen beide Alternativen als schlecht beurteilt werden. Beim Vergleich der Modelle 7 und 9 untereinander konnten die
Verlängerung der Fahrstrecke und die Verbesserung des Subjektiven
Urteils beim Antreiben durch die Verwendung druckanthropomorphen
Werkstoffs statistisch gesichert werden (p < 0,01).

Mit den vorliegenden Ergebnissen kann die Untersuchung von Lesser /67/ (s. Abschn. 3.6.2.3), der bei der Verwendung eines mit
dem Modell 9 vergleichbaren GR gegenüber dem Istzustand (Modell
8) eine deutlich erhöhte maximale Arbeitsdauer und eine niedrigere subjektive Beanspruchung festgestellt hat, um die Beurteilung
für die Bremsaufgabe ergänzt werden. Darüber hinaus können im Gegensatz zu seinen Versuchen die Einflüsse der druckanthropomorphen Eigenschaften von denen des Reibungsbeiwertes und der Querschnittabmessung isoliert werden. Eine positive Beurteilung des
druckanthropomorphen Werkstoffs, wie bei Lesser /67/, kann danach
nicht bestätigt werden.

Bei der Verwendung des RS-Handschuhs (Modell 10) wurde die kürzeste Fahrstrecke, aber auch der kürzeste Bremsweg erreicht. Die
Subjektiven Urteile entsprachen dabei weitgehend den Leistungsgrößen. Diese Ergebnisse müssen jedoch beim Vergleich mit dem Modell 6 relativiert werden, denn die geringen Mittelwertdifferenzen dieser Modelle konnten nur für die Beurteilungsgröße Fahrstrecke statistisch gesichert werden (p < 0,05).

Die Eignung des Modells 2 für die Bremsaufgabe ist als gut einzustufen. Der kurze Bremsweg kann auf die größere Kopplungsfläche gegenüber den übrigen Modellen zurückgeführt werden. Dennoch ist, bei Berücksichtigung aller Beurteilungsgrößen, das Modell 1 mit gleicher Querschnittform jedoch geringerer Querschnittabmessung dem Modell 2 vorzuziehen.

Die Modelle 3, 4 und 5 müssen bei summarischer Betrachtung aller Beurteilungsgrößen als durchschnittlich bis schlecht bewertet werden.

5.3.4 Feldevaluierung

Bei der Feldevaluierung wurden die Modelle 1 und 6 als beste Alternativen des Hauptversuchs dem Istzustand (Modell 8) gegenübergestellt. Die Mittelwerte des Subjektiven Urteils bei den Fahraufgaben Antreiben, Bremsen und Manövrieren sind in Bild 48 zusammengestellt.

Bild 48: Beurteilung der Handseitengestaltung am GR bei der Feldevaluierung

Die Ergebnisse der Feldevaluierung bestätigen die Beurteilung aufgrund der Laborversuche. Auch bei der praktischen Nutzung unter Feldbedingungen ergab sich bei den Modellen 1 und 6 gegenüber dem Istzustand (Modell 8) eine bessere subjektive Beurteilung.

Aufgrund der Bewertung bei den Fahraufgaben Antreiben und Bremsen kann das Modell 1 gegenüber dem Modell 6 als vorteilhafter beurteilt werden. Das bessere Subjektive Urteil beim Manövrieren für das Modell 6 kann mit den flexibleren Zugriffsbedingungen beim zylindrischen Querschnitt begründet werden, denen bei dieser Aufgabe eine größere Bedeutung zukommt.

5.3.5 <u>Zusammenfassende Diskussion der Versuchsergebnisse</u>

Für die praktische Rollstuhlversorgung werden die Querschnittformen der Modelle 1 und 6 empfohlen. Um die unterschiedlichen Handabmessungen der RS-Benutzer zu berücksichtigen, sollten drei Abmessungsalternativen mit dem Querschnittumfang von 85, 100 und 115 mm vorgesehen werden. Auf eine Profilierung ist zu verzichten. Der Werkstoff soll eine möglichst glatte Oberfläche zulassen und eine gute Wärmeableitung ermöglichen. Dafür eignet sich der zur Zeit bei der GR-Fertigung eingesetzte rost- und säurebeständige Stahl, der darüber hinaus auch eine hohe Kratz- und Stoßfestigkeit aufweist.

Die Versuchsergebnisse weisen deutlich darauf hin, daß Werkstoffe mit hohem Reibungsbeiwert und niederer Wärmeleitfähigkeit am gesamten Querschnittumfang für die Bremsaufgabe ungeeignet sind und aufgrund der hohen Wärmebelastung der Innenhand, die bis zur Schädigung führen kann, und der geringen Bremsleistung, die ein hohes Sicherheitsrisiko birgt, nicht bei der Handseitengestaltung verwendet werden sollen. Aufgrund ihrer guten Eignung beim Antreiben sind derartige GR für ausgewählte Anwendungsfälle im RS-Sport zu empfehlen. Auch RS-Benutzern mit geringer Handschließkraft kann ein höherer Reibungsbeiwert der GR-Oberfläche eine höhere Fahrleistung ermöglichen.

Beim Antreiben ist nach den vorliegenden Versuchsergebnissen durch die Verwendung druckanthropomorphen Werkstoffs eine Erhöhung der Leistung und eine Senkung der Beanspruchung zu erwarten. Die Beanspruchung bei längeren Nutzungszeiten konnte nicht untersucht werden. Den Vorteilen beim Antreiben aufgrund der druckanthropomorphen Eigenschaften stehen beim Bremsen die großen Nachteile durch den hohen Reibungsbeiwert handelsüblicher druckanthropomorpher Werkstoffe gegenüber. Damit muß, im Gegensatz zu Lesser /67/, die Verwendung druckanthropomorpher Werkstoffe zur Ummantelung von GR abgelehnt werden. Auch der Einsatz druckanthropomorpher Werkstoffe im Fingerkuppenbereich kann, ebenso wie ein Profil in diesem Bereich des Querschnittumfangs am GR, nicht empfohlen werden.

Die Ergebnisse des Hauptversuchs weisen darauf hin, daß mit der Verwendung eines RS-Handschuhs gegenüber der unbehandschuhten Hand geringe Nachteile beim Antreiben und geringe Vorteile beim Bremsen verbunden sind. Nach den Ergebnissen der Vorversuche wirkt sich die Verwendung eines RS-Handschuhs insbesondere bei Nässe vorteilhaft aus. Die Benutzerbefragung im Rahmen der Analyse des Mensch-RS-Systems (s. Abschn. 3.5) weist auf eine geringe Akzeptanz eines RS-Handschuhs hin. Es kann daher empfohlen werden, seine Benutzung von den Bedürfnissen des RS-Benutzers abhängig zu machen.

6 <u>ZUSAMMENFASSUNG</u>

Aufgabe der vorliegenden Untersuchung war die ergonomische Gestaltung des Antriebssystems am GRRS, wobei eine Minderung der Beanspruchung des RS-Benutzers und eine Erhöhung der Leistung des Mensch-RS-Systems angestrebt wurden. Zur Vorbereitung der gestalterischen Maßnahmen und der Versuchsplanung wurde eine Analyse des Mensch-RS-Systems mit folgenden Schwerpunkten durchgeführt:

o Merkmale der RS-Benutzer
o Anwendungsbereiche, Funktionen und Bauformen des GRRS
o Fahraufgabe bei der GRRS-Benutzung
o Mechanische und physiologische Betrachtung der Arbeitsbewegung
  beim Fahren mit dem GRRS
o Befragung von RS-Benutzern und -Experten zur GRRS-Gestaltung
o Zurückliegende Untersuchungen zur ergonomischen Gestaltung des
  Antriebssystems am GRRS.

Im Rahmen der Analyse wurden das vorliegende Schrifttum ausgewertet und empirische Erhebungen durchgeführt. Die Analyse zeigte, daß der GRRS gegenüber den Hebel- und Kurbel-RS die besseren Fahreigenschaften aufweist und diesen in den Funktionen Transportieren und Aufbewahren eindeutig überlegen ist. Obgleich 85 % aller RS-Benutzer aus diesem Grunde den GR-Antrieb wählen, weist dieser gegenüber den alternativen Antriebsprinzipien erhebliche ergonomische Nachteile auf. So konnten bei der Antriebsaufgabe für den GRRS die höchste Beanspruchung des kardiorespiratorischen Systems und die geringste energetische Effizienz der Arbeitsbewegung nachgewiesen werden. Es wurden folgende Beanspruchungsengpässe beim Fahren mit dem GRRS lokalisiert:

o Beanspruchung des kardiorespiratorischen Systems durch
  Muskelarbeit
o Beanspruchung lokaler Muskelgruppen des Hand-Arm-Systems
o Beanspruchung der Gelenke und Bänder des Hand-Arm-Systems
  durch mechanische Belastung
o Beanspruchung der Haut im Innenhandbereich durch Druck- und
  Scherkräfte

o Wärmebeanspruchung der Haut im Innenhandbereich beim
  Bremsen.

Ausgehend von den genannten Beanspruchungsengpässen wurden die
Gestaltungsparameter sowie deren Ausprägungen festgelegt und anhand von Arbeitshypothesen begründet. Durch die Berücksichtigung
der Gestaltungsparameter

1   Verlauf des GR

1.1   GR-Lage

1.1.1   Frontallage

1.1.2   Höhenlage

1.1.3   Seitenlage

1.2   GR-Durchmesser

1.3   GR-Schwenkung

2   Übersetzung

3   Handseite des GR

3.1   Querschnittform

3.2   Querschnittabmessung

3.3   Werkstoff

3.4   Profil

3.5   Handschuh

wurde, unter der Voraussetzung eines gegebenen Antriebswiderstandes, eine umfassende Gestaltung der ergonomisch relevanten Kon-
struktionsparameter am Antriebssystem des GRRS angestrebt. Die
alternativen Gestaltungsparameterausprägungen wurden bei Labor-
versuchen vergleichend gegenübergestellt. Zur Operationalisierung
der Untersuchungsziele wurden

o Beanspruchungsgrößen,

o Leistungsgrößen und

o Aktivitätsgrößen

herangezogen. Schwerpunkt der umfangreichen versuchstechnischen
Entwicklungen zur Durchführung der experimentellen Untersuchungen
war der Bau eines RS-Simulators, der die Variation der Gestaltungsparameter, die Simulation von Fahraufgaben und die Erfassung

der Beurteilungsgrößen ermöglichte.

Aufgrund der Versuchsergebnisse konnten für den RS-Bau und die RS-Versorgung Empfehlungen zum ergonomisch günstigen Verlauf des GR abgeleitet werden. Danach soll der GR-Scheitelpunkt 75 mm vor dem Schultergelenk und 50 mm unterhalb des rechtwinklig gebeugten Unterarms angeordnet werden. Als GR-Durchmesser werden 590 mm empfohlen. Da bei den gebräuchlichen GRRS das Antriebsrad und der GR eine konstruktive Einheit bilden, werden durch diese Empfehlungen auch weitere RS-Eigenschaften, wie die Kippeigenschaften, die Bodenfreiheit der Beinstützen, die Baulänge, das Gewicht, die Manövrierfähigkeit und der Rollwiderstand, tangiert. Bei der RS-Versorgung muß gegebenenfalls der Einfluß negativer Auswirkungen abhängig von den Eigenschaften und Fähigkeiten des RS-Benutzers sowie dem RS-Einsatzbereich überprüft und eine individuelle Anpassung durchgeführt werden. Neben diesen Empfehlungen zur Frontal- und Höhenlage des GR und zum GR-Durchmesser soll ein möglichst geringer lateraler Abstand des GR vom Körper angestrebt werden. Einer Schwenkung des GR bis 5° stehen aus ergonomischer Sicht keine Einwände entgegen.

Zur Untersuchung der Übersetzung am GRRS wurde ein Versuchsplan entworfen, der die isolierte Überprüfung der Einflußfaktoren einer biomechanisch optimalen Übersetzung Fahrsituation, Antriebsleistung und körperliche Leistungsfähigkeit des RS-Benutzers erlaubt. Auf der Basis der durchgeführten Vorversuche konnten erste Hinweise zur optimalen Getriebeübersetzung am GRRS abgeleitet werden. Bei den Hauptversuchen muß der Einfluß der genannten Faktoren abschließend verifiziert werden.

Neben der Getriebeübersetzung sollten anhand des bestehenden Versuchsplans die Übersetzung aufgrund des Durchmesserverhältnisses von GR und Antriebsrad untersucht und der Einfluß beider technischer Möglichkeiten zur Realisierung einer Übersetzung am GRRS auf die Beanspruchung und die energetische Effizienz vergleichend gegenübergestellt werden. Anhand der durchgeführten Versuche konnte gezeigt werden, daß einer Verkleinerung des GR-Durchmessers zur Variation der Übersetzung Nachteile durch eine ungünstigere Krafteingriffsbahn entgegenstehen. Aus diesem Grunde und um eine Anpassung der Übersetzung insbesondere an wechselnde Fahraufgaben zu ermöglichen, sind die Bemühungen zur Entwicklung eines schaltbaren Getriebes für GRRS zu intensivieren.

Aufgrund der Versuchsergebnisse konnten für den RS-Bau Vorschläge zur Querschnittform und -abmessung der GR-Handseite abgeleitet werden, die vom Istzustand erheblich abweichen. Die Verwendung von Werkstoffen mit hohem Reibungsbeiwert und druckanthropomorphen Eigenschaften führte zwar beim Antreiben zur Verbesserung der Beanspruchungssituation und Erhöhung der Leistung; bei gleichgewichtiger Berücksichtigung der Antriebs- und Bremsaufgabe müssen sie jedoch, wie die Profilierung des GR, abgelehnt werden. Die Benutzung eines RS-Handschuhs wirkt sich nur bei nassem GR vorteilhaft aus und kann darüber hinaus von den Bedürfnissen des RS-Benutzers abhängig gemacht werden.

Bei der Gestaltung der GR-Handseite wurde die Betrachtung auf RS-Benutzer ohne Einschränkung der Handschließkraft begrenzt. In weiterführenden Forschungsarbeiten sollten Entwicklungen zur GR-Gestaltung für RS-Benutzer mit niederer Handschließkraft erarbeitet und überprüft werden. Darüber hinaus ist durch die ergonomische Gestaltung der GR-Handseite für spezifische Fahraufgaben im RS-Sport neben einer Beanspruchungsminderung eine erhebliche Steigerung der Fahrleistung zu erwarten.

7 LITERATUR

/1/ Armonies, G.; Engel, P.; Hildebrandt, G.:
Verbesserung des Sitzkomforts von Rollstühlen.
In: /23/ S. 53-63.

/2/ Bennedik, K.; Engel, P.; Hildebrandt, G.:
Der Rollstuhl. Internationale Schriftenreihe Rehabilita-
tionsforschung, Bd. 15, Rheinstetten: Schindele 1978.

/3/ Berendes, B.:
Methodische Untersuchungen zur Prüfung der Leistungsfähig-
keit bei körperbehinderten Rollstuhlfahrern. Marburg,
Philipps-Universität, Diss., 1970.

/4/ Berendes, D.:
Spiroergometrische Untersuchungen an körperbehinderten
Rollstuhlfahrern. Marburg, Philipps-Universität, Diss.,
1971.

/5/ Blohmke, F.; Boenick, U.; Grazianski, Th.; u.a.:
Ergebnis einer Benutzerbefragung zur Verbesserung handbetriebener Krankenfahrzeuge. In: Zeitschrift für Orthopädie
und ihre Grenzgebiete 113 (1975) 2, S. 264-270.

/6/ Boenick, U.:
Häufigkeitsverteilung und Bewertung von Behinderungen und
Rollstühlen in Berlin (West). Bundesministerium für For-
schung und Technologie (Hrsg.), Forschungsbericht,
Berlin: 1980.

/7/ Borg, G.:
Subjective Aspects of Physical and Mental Load. In:
Ergonomics 21 (1978) 3, S. 215-220.

/8/ Bortz, J.:
Lehrbuch der empirischen Forschung. Berlin, Heidelberg, New
York, Tokyo: Springer 1984.

/9/ Brattgard, S.-O.; Grimby, H.; Höök, O.:
Energy Expenditure and Heart Rate in Driving a Wheelchair
Ergometer. In: Scand. J. Rehab. Med. (1970) 2, S. 143-148.

/10/ Brubaker, C.E.:
Determination of the Effects of Mechanical Advantage on
Propulsion Efficiency with Handrims. In: /107/ S. 1-3.

/11/ Brubaker, C.E.:
Determination of the Effects of Seat Position on Propulsion
Performance. In: /107/ S. 4-6.

/12/ Brubaker, C.E.; Gibson, J.D.; Soos, T.H.:
Comparison of Efficiency between Conventional and Racing
Wheelchairs. In: /105/ S. 10.

/13/ Brubaker, C.E.; McLaurin, C.A.; Gibson, J.D.; u.a.:
Seat Position and Wheelchair Performance. In: /105/
S. 12-21.

/14/ Brubaker, C.E.; Ross, S.:
Static and Dynamic Comparisons of Selected Handrims for
Wheelchair Propulsion. In: /105/ S. 28-31.

/15/ Brudermann, U.:
Entwicklung und Konstruktion eines leichten, faltbaren
Rollstuhls. In: /23/ S. 65-74.

/16/ Bürdek, B.E.; Esselbrügge, P.; Kurz, M.; u.a.:
Design bei Rollstühlen. Bundesministerium für Forschung und
Technologie (Hrsg.), Forschungsbericht, Hanau: 1981.

/17/ Bullinger, H.-J.; Kern, P.; Solf, J.J.:
Reibung zwischen Hand und Griff. Bundesanstalt für Arbeits-
schutz und Unfallforschung (Hrsg.), Forschungsbericht
Nr. 213, Bremerhaven: Wirtschaftsverlag NW 1979.

/18/ Bullinger, H.-J.; Solf, J.J.:
Ergonomische Arbeitsmittelgestaltung I. Bundesanstalt für
Arbeitsschutz und Unfallforschung (Hrsg.), Forschungsbe-
richt Nr. 196, Bremerhaven: Wirtschaftsverlag NW 1979.

/19/ Bullinger, H.-J.; Solf, J.J.; Traut, L.:
Entwicklung eines Standard-Rollstuhls nach ergonomischen
Gesichtspunkten. Forschungsbericht des Fraunhofer-Instituts
für Arbeitswirtschaft und Organisation, Stuttgart: 1984.

/20/ Bullinger, H.-J.; Traut, L.; Geuther, E.; u.a.:
Ergonomische Rollstuhlgestaltung. Forschungsbericht des
Instituts für Industrielle Fertigung und Fabrikbetrieb,
Universität Stuttgart, und der Werkstatt für Körperbehin-
derte München, Stuttgart: 1988.

/21/ Bundesministerium für Forschung und Technologie BMFT
(Hrsg.):
Rollstuhlentwicklung. 2. BMFT-Statuskolloquium 1981,
Köln: Verlag TÜV Rheinland 1982.

/22/ Delateur, B.J.; Berni, R.; Hongladarom, T.; u.a.:
Wheelchair Cushions Designed to Prevent Pressure Sores:
An Evaluation. In: Arch. Phys. Med. Rehabil. 57 (1976) 3,
S. 129-135.

/23/ Deutsche Forschungs- und Versuchsanstalt für Luft- u.
Raumfahrt e.V. DFVLR (Hrsg.):
Rollstuhlentwicklung. Deutsch-britisches Statuskolloquium
1984, Bonn: Reha-Verlag 1984.

/24/ Diebschlag, W.; Stumbaum, F.:
Untersuchung der klimatischen und biomechanischen Wechsel-
wirkungen im System Mensch-Rollstuhl bei Körperbehinderten.
In: /21/ S. 75-86.

/25/ Dillmann, G.; Nietert, M.:
Ein neues System zur ergometrischen Leistungsmessung an
Rollstuhlfahrern. In: Medizinisch-Orthopädische Technik
(1980) 2, S. 81-84.

/26/ DIN-Norm 13 240:
Rollstühle, Dezember 1983.

/27/ DIN-Norm 33 416:
Zeichnerische Darstellung der menschlichen Gestalt in
typischen Arbeitshaltungen, April 1985.

/28/ Eckermann, R.; Millahn, H.P.:
Der Einfluß der Drehzahl auf die Herzfrequenz und die
Sauerstoffaufnahme bei konstanter Leistung am Fahrradergometer. In: Int. Z. angew. Physiol. einschl. Arbeitsphysiol.
(1967) 23, S. 340-344.

/29/ Engel, P.; Henze, W.:
Auswirkungen technischer Einflüsse auf Belastung und Beanspruchung des Rollstuhlfahrers. In: Medizinisch-Orthopädische Technik (1981) 5, S. 124-138.

/30/ Engel, P.; Henze, W.:
Vergleichende leistungsphysiologische Beurteilung des neu-
entwickelten, handbetriebenen Rollstuhls der GH-Universität
Kassel mit handelsüblichen Modellen. In: /23/ S. 37-45.

/31/ Engel, P.; Henze, W.; Hildebrandt, G.:
Leistungsphysiologische Beurteilung von Neuentwicklungen
handbetriebener Rollstühle und deren Vergleich mit handelsüblichen Modellen. In: /21/ S. 87-98.

/32/ Engel, R.; Hildebrandt, G.:
Zur arbeitsphysiologischen Beurteilung handbetriebener
Krankenfahrstuhlmodelle. In: Zeitschrift für Physikalische
Medizin, (1971) 2, S. 95-102.

/33/ Engel, P.; Hildebrandt, G.:
Wheels. In: Proceedings of the Royal Society of Medicine,
67 (1974) 5, S. 409-413.

/34/ Engel, P.; Neikes, M.; Bennedik, K.; u.a.:
Arbeitsphysiologische Untersuchungen zur Optimierung des
Hebelantriebs und der Sitzanordnung beim handhebelbetrie-
benen Rollstuhl. In: Rehabilitation 15 (1976) S. 217-228.

/35/ Faulbaum, F.:
Konfirmatorische Analyse der Reliabilität von Wichtigkeits-
stufungen beruflicher Merkmale. In: ZUMA-Nachrichten 13,
Zentrum für Umfragen, Methoden und Analysen (Hrsg.),
Mannheim: 1983, S. 22-44.

/36/ Fink, K.:
Vergleichende leistungsphysiologische Untersuchungen zur
Frage des Hebel- o. Kurbelantriebs von handbetriebenen
Straßenselbstfahrern. Marburg, Universität Marburg, Diss.,
1976.

/37/ Gass, G.C.; Camp, E.M.:
Physiological Characteristics of Trained Australian Para-
plegic and Tetraplegic Subjects. In: Medicine and Science
in Sports 11 (1979) 3, S. 256-259.

/38/ Gass, G.C.; Watson, J.; Camp, E.M.; u.a.:
The Effects of a Physical Training on High Level Spinal
Lesion Patients. In: Scand. J. Rehab. Med. (1980) 12,
S. 61-65.

/39/ Glaser, R.M.; Sawka, M.N.; Laubach, L.L.; u.a.:
Metabolic and Cardiopulmonary Responses to Wheelchair and
Bicycle Ergometry. In: Journal of Applied Physiology 46
(1979), S. 1066-1070.

/40/ Glaser, R.M.; Sawka, M.N.; Wilde, S.W.; u.a.:
Energy Cost and Cardiopulmonary Responses for Wheelchair
Locomotion and Walking on Tile and on Carpet.
In: Paraplegia (1981) 19, S. 220-226.

/41/ Glaser, R.M.; Sawka, M.N.; Young, R.E.; u.a.:
Applied Physiology for Wheelchair Design. In: Journal of
Applied Physiology 48 (1980), S. 41-44.

/42/ Grandjean, E.:
Physiologische Arbeitsgestaltung. 3. erw. Auflage 1979,
Thun: Ott 1979.

/43/ Große-Lordemann, H.; Müller, E.A.:
Der Einfluß der Leistung und der Arbeitsgeschwindigkeit auf
das Arbeitsmaximum und den Wirkungsgrad beim Radfahren.
In: Arbeitsphysiologie (1937) 9, S. 454-475.

/44/ Heinrich, K.W.; Ulmer, H.-V.; Stegemann, J.:
Sauerstoffaufnahme, Pulsfrequenz und Ventilation bei Variation von Tretgeschwindigkeit und Tretkraft bei aerober Ergometerarbeit. In: Pflügers's Archiv (1968) 298, S. 191-199.

/45/ Hess, P.; Seusing, J.:
Der Einfluß der Tretfrequenz und des Pedaldrucks auf die
Sauerstoffaufnahme bei Untersuchungen beim Ergometer.
In: Int. Zeitschrift f. angew. Physiol. einschl. Arbeits-
physiol. (1963) 19, S. 468-475.

/46/ Higgs, C.:
An Analysis of Racing Wheelchairs Used at the 1980 Olympic
Games for the Disabled. In: Research Quarterly for Exercise
and Sport (1983) 54, S. 229-233.

/47/ Hildebrandt, G.:
Arbeitsphysiologische Untersuchungen und Gesichtspunkte zur
Rehabilitation von Körperbehinderten. In: Z. f. Orthopädie
und ihre Grenzgebiete (1972) 110, S. 934-942.

/48/ Hundhausen, E.:
Konstruktionen, die dem Schwerbehinderten helfen - Beispiel
Rollstühle. VDI Berichte Nr. 402, 1981.

/49/ Hutzler, Y.:
Zur Bewegungshandlung von Rollstuhlfahrern.
In: Rehabilitation & Technik, Teil 1, 2 (1987) 3, S. 19-24.
Teil 2, 2 (1987) 4, S. 34-41. Teil 3, 2 (1987) 5/6 S. 57-70.

/50/ Ilmarinen, J.:
Beziehungen zwischen beruflicher und sportlicher körperli-
cher Aktivität und kardiopulmonaler Leistungsfähigkeit.
Köln, Deutsche Sporthochschule, Diss., 1978.

/51/ Israel, S.; Brenke, H.; Donath, R.:
Die Abhängigkeit einiger funktioneller Meßgrößen von der
Trittfrequenz (Umdrehungszahl) bei der Fußkurbelergometrie.
In: Medizin und Sport 7 (1967) 3, S. 65-68.

/52/ Jarvis, S.; Rolfe, H.:
The Use of an Inertial Dynamometer to Explore the Design of
Children's Wheelchairs. In: Scand. J. Rehab. Med. (1982)
14, S. 167-176.

/53/ Kamenetz, H.L.:
The Wheelchair Book. Springfield, Illinois: Charles C.
Thomas Publisher 1969.

/54/ Karrasch, K.; Müller, E.A.:
Das Verhalten der Pulsfrequenz in der Erholungsphase nach
körperlicher Arbeit. In: Arbeitsphysiologie (1951) 14,
S. 369-382.

/55/ Keul, J.; Kindermann, W.; Simon. G.:
Die aerobe und anaerobe Kapazität als Grundlage für die
Leistungsdiagnostik. In: Leistungssport 8 (1978) 1,
S. 22-32.

/56/ Klosner, H.:
Verbesserung und Neuentwicklung von Rollstühlen. Bundesministerium f. Forschung und Technologie (Hrsg.), Forschungsbericht, Kassel: 1984.

/57/ Klosner, H.; Seeliger, K.; Tondera, K.L.:
Verbesserungsmöglichkeiten für Rollstühle mit Handbetrieb.
In: Medizinisch-Orthopädische Technik (1981) 101,
S. 129-138.

/58/ Knöller,H.:
Leichtathletik für Rollstuhlfahrer. Sporttherapeutische
Praxis, Band 3, Lübeck: Schmidt-Römhild 1979.

/59/ Knowlton, R.G.; Fitzgerald, P.I.; Sedlock, D.A.:
The Mechanical Efficiency of Wheelchair Dependent Women
During Wheelchair Ergometry. In: Canadian Journal of
Applied Sport Science 6 (1981) 4, S. 187-190.

/60/ Kröger, J.:
Vergleichende Untersuchungen von Körper- und Kreislaufbelastung beim Fahren zweier Standard-Rollstuhlmodelle
unter besonderer Berücksichtigung der Lenksicherheit.
Marburg, Philipps-Universität, Diss., 1971.

/61/ Kroemer, K.H.E.:
Über die ergonomische Bedeutung der räumlichen Lage kreis-
bogenförmiger Bewegungsbahnen von Betätigungsteilen.
Forsch.-Bericht NRW Nr. 1687, Köln/Opladen: Westdeutscher
Verlag 1966.

/62/ Kroemer, K.H.E.:
Die Messung der Muskelstärke des Menschen. Bundesanstalt
für Arbeitsschutz und Unfallforschung (Hrsg.), Forschungsbericht Nr. 161, Bremerhaven: Wirtschaftsverlag NW 1977.

/63/ Küppers, H.-J.:
Sitzkomfort von Rollstühlen. In: Medizinisch-Orthopädische
Technik (1979) 5 , S. 182-184.

/64/ Laurig, W.:
Beurteilung einseitig dynamischer Muskelarbeit. Schriften-
reihe "Arbeitswissenschaft und Praxis", Bd. 33, Berlin/
Köln/Frankfurt: Beuth 1974.

/65/ Lehmann, J.F.; Warren, C.G.; Halar, E.; u.a.:
Wheelchair Propulsion in the Quadriplegic Patient.
In: Arch. Phys. Med. Rehabil. (1974) 55, S. 183-186.

/66/ Lesser, W.:
Arbeitsphysiologische Untersuchungen des Rollstuhls mit
Greifreifenantrieb. In: Medizinisch-Orthopädische Technik
(1981) 5, S. 139-143.

/67/ Lesser, W.:
Ergonomische Untersuchung der Gestaltung antriebsrelevanter
Einflußgrößen beim Rollstuhl mit Handantrieb. Fortschr.-
Ber. VDI Reihe 17: Biotechnik Nr. 28, Düsseldorf: VDI-
Verlag 1986.

/68/ Lesser, W.; Rohmert, W.:
Ergonomische Untersuchung zur Gestaltung von handbetriebenen Krankenfahrzeugen. In: /21/ S. 99-108.

/69/ Lewin, Th.; Brattgard, S.-O.:
Functional Anthropometry and Handgrip Strength in Wheel-
Chair Subjects. University of Göteborg, 1969.

/70/ Löllgen, H.; Ulmer, H.-V.; Wilbert, G.; u.a.:
Zum Leistungsempfinden für Ergometerarbeit bei unterschiedlicher Tretfrequenz. In: Ergonomische Aspekte der Arbeitsmedizin, Stuttgart: Genter Verlag 1976, S. 351-355.

/71/ Luczak, H.:
Untersuchungen informatorischer Belastung und Beanspruchung
des Menschen. Fortschr.-Ber. VDI Reihe 10, Nr. 2, Düsseldorf: VDI-Verlag 1975.

/72/ Lundberg, A.:
Wheelchair Driving. In: Scand. J. Rehab. Med. (1980) 12,
S. 67-72.

/73/ Mainzer, J.:
Ermittlung und Normung von Körperkräften - dargestellt am
Beispiel der statischen Betätigung von Handrädern. Fortschr.-Ber. VDI Reihe 17, Nr. 12, Düsseldorf: VDI-Verlag
1982.

/74/ Mainzer, J.:
Zulässiger Energieumsatz. In: /92/ S. 165-172.

/75/ Martin, K.:
Untersuchungen von Ermüdungs- und Erholungszeiten bei einseitig dynamischer Muskelarbeit. Fortschr.-Ber. VDI Reihe
17, Nr. 10, Düsseldorf: VDI-Verlag 1982.

/76/ McLaurin, C.A.:
Characteristic Requirements of Wheelchair Users.
In: Wheelchair I, Rehabilitation Engineering Center,
Moss Rehabilitation Hospital, Philadelphia: 1978.

/77/ Mellerowicz, H.:
Ergometrie. 3. überarb. u. erw. Aufl., München/Baltimore:
Urban u. Schwarzenberg 1979.

/78/ Mocellin, R.; Rutenfranz, J.:
Methodische Untersuchungen zur Bestimmung der körperlichen
Leistungsfähigkeit (W_{170}) im Kindesalter. In: Z. Kinder-
heilkunde, (1970) 108, S. 61-80.

/79/ Montoye, H.J.; Faulkner, J.A.:
Determination of the Optimum Setting of an Adjustable Grip
Dynamometer. In: Research Quarterly of the American
Association for Health, physical Education and Recreation
(1964) 35, S. 29-36.

/80/ Müller, E.A.; Müller, A.:
Die günstigste Größe und Anordnung von Handrädern.
In: Arbeitsphysiologie (1949) 14, S. 27-44.

/81/ Müller, E.A.:
Der Mensch als Antriebsmotor des Fahrrades. In: Radmarkt
(1951) 8, S. 15-17.

/82/ Müller, E.A.:
Regulation der Pulsfrequenz in der Erholphase nach ermüden-
der Muskelarbeit. In: Intern. Zeitschrift angew. Physiol.
einschl. Arbeitsphysiol. (1955) 16, S. 35-44.

/83/ Müller-Limmroth, W.:
Verbesserung des Sitzkomforts in Rollstühlen zur Vermeidung
von Druckgeschwüren. Bundesministerium für Forschung und
Technologie (Hrsg.), Forschungsbericht, München: 1982.

/84/ Munaf, M.:
Häufigkeitsverteilung und Bewertung von Behinderungen und
Rollstühlen in Berlin (West). In: /21/ S. 143-150.

/85/ Muntzinger, W.F.:
Ergonomische Gestaltung von Rotationsstellteilen für grob-
und sensomotorische Tätigkeiten. Berlin/Heidelberg/
New York/Tokyo: Springer 1986.

/86/ North, K.:
Arbeitswissenschaftlicher Beitrag zur beruflichen Ein-
gliederung Behinderter. Darmstadt, Technische Hochschule,
Diss., 1982.

/87/ Paulsson, K.:
The Users of Wheelchairs in Gävleborg s County. In: Scand.
J. Rehab. Med. (1978) 6, S. 157-163.

/88/ Petrofsky, H.S.:
The Effects of Handgrip Span on Isometric Exercise Performance. In: Ergonomics (1980) 23, S. 1129-1135.

/89/ Rohmert, W.:
Untersuchungen über Muskelermüdung und Arbeitsgestaltung.
Berlin/Köln/Frankfurt: Beuth-Vertrieb 1962.

/90/ Rohmert, W.:
Maximalkräfte von Männern im Bewegungsraum der Arme und
Beine. Forsch.-Bericht NRW Nr. 1616, Köln/Opladen: West-
deutscher Verlag 1966.

/91/ Rohmert, W.; Lesser, W.:
Ergonomische Untersuchungen zur Gestaltung von handgetrie-
benen Krankenfahrzeugen. Bundesministerium für Forschung
und Technologie (Hrsg.) Forschungsbericht, Darmstadt: 1984.

/92/ Rohmert, W.; Rutenfranz, J. (Hrsg.):
Praktische Arbeitsphysiologie. 3. neubearb. Aufl.,
Stuttgart/New York: Georg Thieme 1983.

/93/ Sawka, M.N.; Glaser, R.M.; Laubach, L.L.; u.a.:
Wheelchair Exercise Performance of the Young, Middle-aged
and Elderly. In: Journal of Applied Physiology 50 (1982) 4,
S. 824-828.

/94/ Sawka, M.N.; Glaser, R.M.; Wilde, S.W.; u.a.:
Metabolic and Circulatory Responses to Wheelchair and Arm
Crank Exercise. In: Journal of Applied Physiology 49 (1980)
5, S. 784-788.

/95/ Sbresny, W.:
Untersuchungen zur Frage einer Beurteilung der körperlichen
Leistungsfähigkeit mit Hilfe der W_{170} in verschiedenen Al-
ters-, Leistungs- und Berufsgruppen. Gießen, Justus Liebig-
Universität, Diss., 1974.

/96/ Seifert, E.; Simon, P.:
Zweite statistische Studie und Gesamtbetrachtung zur Roll-
stuhlversorgung. In: Orthopädie-Technik (1980) 9,
S. 137-146.

/97/ Sieber, W.:
Die Abhängigkeit der Erholungspulssumme und der Erholungs-
dauer von der Pulsfrequenz bei einstündigen Arbeitsversu-
chen. In: Intern. Zeitschr. f. angew. Physiol. (1971) 30,
S. 65-72.

/98/ Simon, P.:
Beispiele der Rollstuhlentwicklung.
In: Medizinisch-Orthopädische Technik,
"Die Anfänge rollender Hilfsmittel", 98 (1978) 1, S. 28.
Beispiele der Rollstuhlentwicklung um die Jahrhundertwende,
96 (1976) 2, S.45.
"Der Vorsteckwagen", 96 (1976) 4, S. 119.
"Der Kurbelantrieb", 96 (1976) 6, S. 194.
"Der Motorantrieb", 96 (1976) 5, S. 161.
"Der Motorantrieb" (II), 98 (1978) 6, S. 233.
"Der Motorantrieb" (III), 99 (1979) 2, S. 88.
"Der Motorantrieb" (IV), 99 (1979) 4, S. 126.
"Die Überdachung" (I u. II), 97 (1977) 6, S. 182-183.

/99/ Simon, P.:
Systematik der Rollstuhlverordnung. In: Medizinisch-
Orthopädische Technik 96 (1976) 2, S. 25-28.

/100/ Simon, P.:
Was ist beim Thema "Rollstuhl und älterer Mensch" besonders
zu beachten? In: Beschäftigungs- und Arbeitstherapie (Ergo-
therapie) im Fachbereich Geriatrie, Schriftenreihe Ergothe-
rapie, Dortmund: Verlag modernes lernen 1982, S. 5-36.

/101/ Schmale, H.; Schmidtke, H.; Vukovich, A.:
Untersuchungen über den Grad der subjektiv gegebenen Bean-
spruchung bei körperlicher Arbeit. Forsch.-Ber. NRW
Nr. 1261, Köln/Opladen: Westdeutscher Verlag 1963.

/102/ Schmidtke, H. (Hrsg.):
Lehrbuch der Ergonomie. 2. bearb. und erg. Auflage,
München/Wien: Hanser 1981.

/103/ Schnauber, H.:
Erhaltung der Bewegungsenergie gebremster Schwungmassen mit
menschlicher Muskelkraft. Darmstadt, Technische Hochschule,
Diss., 1969.

/104/ Schütte, M.:
Zusammenstellung von Verfahren zur Ermittlung des subjektiven Beanspruchungserlebens bei informatorischer Belastung. In: Zeitschrift für Arbeitswissenschaft 40 (1986) 2,
S. 83-89.

/105/ Stamp, W.G.; McLaurin, C.A.:
Wheelchair Mobility 1976-1981. Rehabilitation Engineering
Center, Charlottesville: University of Virginia o.J.

/106/ Stamp, W.G.; McLaurin, C.A.:
Wheelchair Mobility 1982-1983. Rehabilitation Engineering
Center, Charlottesville: University of Virginia o.J.

/107/ Stamp, W.G.; McLaurin, C.A.:
Wheelchair Mobility 1983-1984. Rehabilitation Engineering
Center, Charlottesville: University of Virginia o.J.

/108/ Stamp, W.G.; McLaurin, C.A.:
Wheelchair Mobility 1985. Rehabilitation Engineering
Center, Charlottesville: University of Virginia o.J.

/109/ Stamp, W.G.; McLaurin, C.A.:
Wheelchair Mobility 1986. Rehabilitation Engineering
Center, Charlottesville: University of Virginia o.J.

/110/ Statistisches Bundesamt (Hrsg.):
Statistisches Jahrbuch 1987 für die Bundesrepublik
Deutschland. Stuttgart/Mainz: Kohlhammer-Verlag 1987.

/111/ Stegemann, J.; Ulmer, H.-V.; Heinrich, K.W.:
Die Beziehung zwischen Kraft und Kraftempfindung als Ursa-
che für die Wahl energetisch ungünstiger Tretfrequenzen
beim Radsport. In: Int. Z. angew. Physiol. einschl. Arbeitsphysiol. (1968) 25, S. 224-234.

/112/ Stipicic, J.; Reiner, E.; Spanudakis, S.:
Beitrag zur Sitzkomfortverbesserung für Rollstuhlfahrer.
In: Orthopädie-Technik (1975) 6, S. 96-99.

/113/ Stoboy, H.; Rich, B.W.; Lee, M.:
Workload and Energy Expenditure During Wheelchair
Propelling. In: Paraplegia (1971) 8, S. 223-230.

/114/ Strohkendl, H.:
Funktionelle Klassifizierung für den Rollstuhlsport.
Schriftenreihe Rehabilitation und Prävention, Bd.5,
Berlin/Heidelberg/New York: Springer 1978.

/115/ Strohkendl, H.:
Rollstuhlsport für Anfänger. Sporttherapeutische Praxis,
Bd. 7, Lübeck: Schmidt-Römhild o.J.

/116/ Thacker, J.G.; O`Reagan, J.R.; Aylor, J.H.; u.a.:
A Wheelchair Dynamometer. In: Journal of Mechanical Design
102 (1980) 10, S. 718-722.

/117/ Ulmer, H.V.:
Die Abhängigkeit des Leistungsempfindens von der
Tretfrequenz bei Radsportlern. In: Sporarzt und Sport-
medizin (1960) 10, S. 385-394.

/118/ Ulmer, H.V.:
Umstellung auf Arbeit. In: /92/ S. 60-71.

/119/ Van der Woude, L.H.V.; de Groot, G.; Hollander, A.P.:
Wheelchair Ergonomics and Physiological Testing of Proto-
types. In: Ergonomics 29 (1986) 12, S. 1561-1573.

/120/ Voigt, E.-D.; Berendes, B.; Hildebrandt, G.:
Energieumsatz und Kreislaufbelastung von Körperbehinderten
beim Fahren im Krankenfahrstuhl. Arbeitsmedizin, Sozialme-
dizin, Arbeitshygiene (1968) 5, S. 135-138.

/121/ Wahlund, H.:
Determination of the Physical Working Capacity.
Acta med. scand. 132 (1948), Suppl. 215.

/122/ Weege, R.; Diebschlag, W.:
Entwicklung, Konstruktion und Erstellung von Prototypen
eines auf neuen Erkenntnissen basierenden Rollstuhls mit
festem Sitz. In: /23/ S. 47-52.

/123/ Weltgesundheitsorganisation WHO (Hrsg.):
International Classification of Impairments, Disabilities
and Handicaps. Genf: WHO 1980.

/124/ Wicks, J.R.; Lymburner, K.; Dinsdale, S.M.; u.a.:
The Use Multistage Exercise Testing with Wheelchair
Ergometry and Arm Cranking in Subjects with Spinal Cord
Lesions. In: Paraplegia (1977-78) 15, S. 252-261.

/125/ Wilde, S.W.; Miles, D.S.; Dublin, R.J.; u.a.:
Evaluation of Myodardial Performance during Wheelchair
Ergometer Exercise. In: American Journal of Physical
Medicine 60 (1981) 6, S. 277-291.

/126/ Wolfe, G.; Waters, R.; Hislop, H.J.:
Influence of Floor Surface on the Energy Cost of Wheelchair
Propulsion. In: Physical Therapy 57 (1977) 6, S. 1022-1026.

/127/ Ziegler, J.W.:
Die Übersetzungsnabe als individuelle Antriebshilfe für
Rollstühle. In: Medizinisch-Orthopädische Technik (1981) 4,
S. 110-111.

8 ANHANG

8.1 Ergänzungen zur Analyse des Mensch-Rollstuhl-Systems

8.1.1 Rollstuhlbenutzerkollektiv

Eine **SCHÄDIGUNG** (impairment)
ist jeder Verlust oder jede Abnormalität der psychischen, physischen oder anatomischen Strukturen oder Funktionen des Menschen.

Eine **LEISTUNGSMINDERUNG** (disability)
ist der auf einer Schädigung beruhende Verlust oder die Herabsetzung der Fähigkeit, eine Leistung zu erbringen, bezogen auf eine Person zu verschiedenen Zeitpunkten oder andere vergleichbare Individuen.

Eine **BEHINDERUNG** (handicap)
ist eine Benachteiligung eines Individuums, die aus einer Schädigung oder Leistungsminderung resultiert und die das Erfüllen einer Rolle, die für dieses Individuum in Abhängigkeit von Alter, Geschlecht, sozialen und kulturellen Faktoren als normal angesehen wird, einschränkt oder verhindert.

Bild A1: Definitionen der Begriffe Schädigung, Leistungsminderung und Behinderung nach der Weltgesundheitsorganisation /123/ in der Übersetzung von North /86/

MEDIZINISCHE DIAGNOSE	Anteil in %
Knochen- und Gelenkveränderungen	**33,2**
Arthritis	2,3
Arthrose	9,8
Angeborene Veränderungen	0,7
Traumatische Veränderungen	3,7
Sonstige Veränderungen	0,2
Amputation einseitig	11,0
Amputation doppelseitig	2,2
Amputation u. Hemiplegie	0,8
Amputation u. Diabetes	2,5
Nerven- und Muskelveränderungen	**49,9**
Hemiparese	15,2
Multiple Sklerose	10,1
Cerebralschäden	12,5
Querschnittlähmung	4,8
Polio	1,1
Muskeldystrophie	2,1
Parkinson	1,8
Sonstige	2,3
Sonstige Veränderungen	**13,4**
Herzkrankheiten	0,8
Lungenkrankheiten	0,3
Diabetes Spätschäden	0,8
Allgem. Sklerose, Altersgebrechen	3,4
Cerebralsklerose	2,3
Krebskrankheiten	2,8
Sonstige	3,0
ohne Diagnose	3,5

Bild A2: Verteilung der medizinischen Diagnosen bei der RS-Versorgung durch die Ortskrankenkassen Stuttgart, Balingen und Esslingen in den Jahren 1971 bis 1978 (vgl. Seifert u.a. /96/)

8.1.2 Rollstuhlbauformen
8.1.2.1 Rollstuhl-Baukastensystem

Bild A3: Exemplarisches Baukastensystem eines Universal-GRRS
(vgl. Hundhausen /48/)

8.1.2.2 Erhebung an handelsüblichen Greifreifenrollstühlen

Rollstuhltyp	Nr. 4 Aktivrollstuhl	Nr. 5 Aktivrollstuhl	Nr. 6 Aktivrollstuhl
Antriebsraddurchmesser D^A, GR-Durchmesser D, Übersetzung $D/D^A = i_d$	Standard: $D^A = 610$ mm, $D = 520$ mm, $i_d = 0,85$ Varianten: $D^A = 660$ mm, $D = 560$ mm, $i_d = 0,85$; $D^A = 510$ mm, $D = 430$ mm, $i_d = 0,84$	Standard: $D^A = 610$ mm, $D = 500$ mm, $i_d = 0,82$ Variante: $D^A = 660$ mm, $D = 540$ mm, $i_d = 0,82$	Standard: $D^A = 610$ mm, $D = 500$ mm, $i_d = 0,82$ Variante: $D^A = 660$ mm, $D = 540$ mm, $i_d = 0,82$
GR-Art, GR-Querschnittdurchmesser d	Standard: Edelstahl, d = 19 mm Varianten: • GR mit Greifhilfen • GR-Überzug, Gummi	Standard: Edelstahl, d = 19 mm Varianten: • Leichtmetall, Lackbeschichtung, d = 21 mm • GR mit Greifhilfen • GR-Überzug, Gummi	Standard: Leichtmetall, Lackbeschichtung, d = 20 mm Varianten: • GR mit Greifhilfen • GR-Überzug, Gummi
Antriebsrad / Greifreifen / Sitzfläche	Je nach Länge der Befestigungsstege b = 25/35 mm c = 85/95 mm	Je nach Länge der Befestigungsstege b = 25/35 mm c = 85/95 mm	Je nach Länge der Befestigungsstege b = 25/35 mm c = 75/85 mm
Rückenlehne / Sitzfläche	$\tau = 90°$ $\delta = 0° - 9°$ je nach GR-Achslage	$\tau = 90°$ $\delta = 2° - 12°$ je nach GR-Achslage	$\tau = 90°$ $\delta = 1° - 10°$ je nach GR-Achslage
GR-Schwenkung	0° - 5° stufenlos	0° - 5° stufenlos	0° - 5° stufenlos
Rollstuhlgewicht	127,53 N	180 N	147,15 N
Achslage des GR in mm			

Rollstuhltyp	Nr. 1 Universalrollstuhl	Nr. 2 Aktivrollstuhl	Nr. 3 Aktivrollstuhl
Antriebsraddurchmesser D^A, GR-Durchmesser D, Übersetzung $D/D^A = i_d$	Standard: D^A = 610 mm, D = 500 mm, i_d = 0,82 Variante: D^A = 660 mm, D = 540 mm, i_d = 0,82	Standard: D^A = 610 mm, D = 520 mm, i_d = 0,85 Variante: D^A = 660 mm, D = 560 mm, i_d = 0,85	Standard: D^A = 610 mm, D = 490 mm, i_d = 0,80 Variante: D^A = 660 mm, D = 540 mm, i_d = 0,82
GR-Art, GR-Querschnittdurchmesser d	Standard: Edelstahl, d = 20 mm Varianten: • Edelstahl mit strukturierter GR-Oberfläche, d = 20 mm • GR mit Greifhilfen • GR-Überzug, Gummi	Standard: Edelstahl, d = 19 mm Varianten: • GR mit Greifhilfen • GR-Überzug, Gummi	Standard: Edelstahl, d = 19 mm Varianten: • Edelstahl mit strukturierter GR-Oberfläche, d = 20 mm • GR mit Greifhilfen • GR-Überzug, Gummi
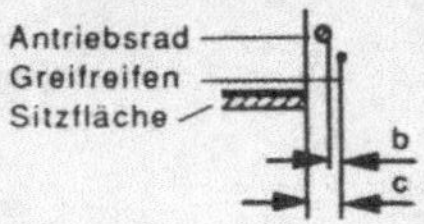 Antriebsrad, Greifreifen, Sitzfläche, b, c	Je nach Länge der Befestigungsstege b = 25/35 mm c = 100/110 mm	Je nach Länge der Befestigungsstege b = 25/35 mm c = 84/94 mm	Je nach Länge der Befestigungsstege b = 25/35 mm c = 92/102 mm
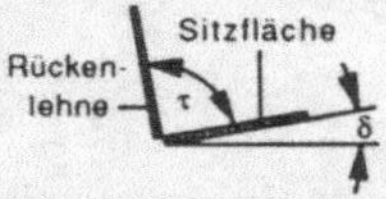 Sitzfläche, Rückenlehne, τ, δ	τ = 90° δ = 4°	τ = 90° mit Lendenknick δ = 3° - 14° je nach GR-Achslage	τ = 90° δ = 1° - 9° je nach GR-Achslage
GR-Schwenkung	0°	0°, 2,5°	0° - 5° stufenlos
Rollstuhlgewicht	196,2 - 245,3 N je nach Variante	180 N	176,6 N
Achslage des GR in mm	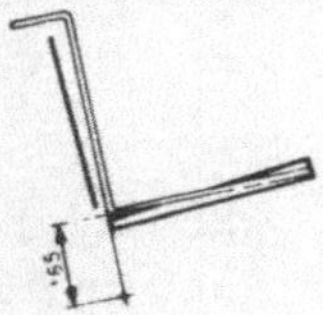	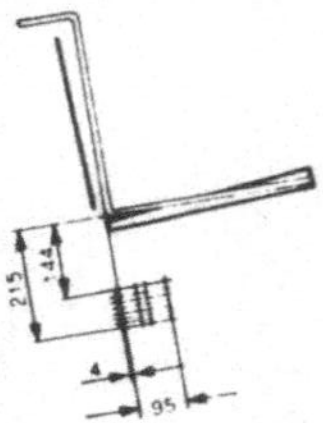	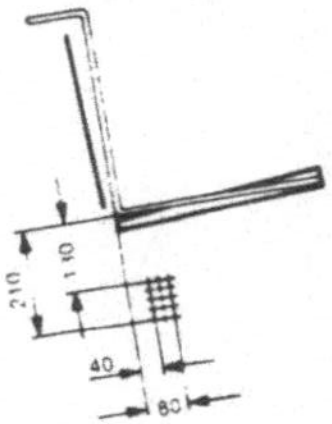

8.1.3 Fahraufgabe am Greifreifenrollstuhl

8.1.3.1 Komponenten des Antriebswiderstandes

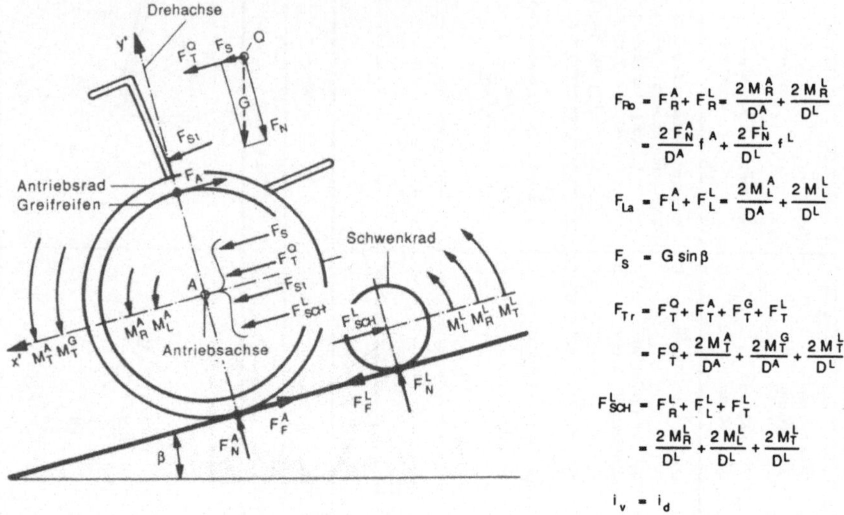

$$F_{Ro} = F_R^A + F_R^L = \frac{2\,M_R^A}{D^A} + \frac{2\,M_R^L}{D^L}$$

$$= \frac{2\,F_N^A}{D^A}\, f^A + \frac{2\,F_N^L}{D^L}\, f^L$$

$$F_{La} = F_L^A + F_L^L = \frac{2\,M_L^A}{D^A} + \frac{2\,M_L^L}{D^L}$$

$$F_S = G \sin\beta$$

$$F_{Tr} = F_T^Q + F_T^A + F_T^G + F_T^L$$

$$= F_T^Q + \frac{2\,M_T^A}{D^A} + \frac{2\,M_T^G}{D^A} + \frac{2\,M_T^L}{D^L}$$

$$F_{SCH}^L = F_R^L + F_L^L + F_T^L$$

$$= \frac{2\,M_R^L}{D^L} + \frac{2\,M_L^L}{D^L} + \frac{2\,M_T^L}{D^L}$$

$$i_v = i_d$$

Bild A4: Kräfte und Momente am GRRS

8.1.3.2 Grenzfälle beim Antreiben und Bremsen

Durchrutschen des Antriebsrades beim Antreiben

Für das Durchrutschen des Antriebsrades beim Antreiben gilt bei $i_v = i_d$ folgende Bedingung:

$$F_A\, i_d - F_R^A - F_L^A - F_T^A - F_T^G = -F_A + F_S + F_T^Q + F_{St} + F_{Sch}^L > F_N^A\, \mu^A$$

Durchrutschen des Antriebsrades beim Bremsen

Für das Durchrutschen des Antriebsrades beim Bremsen gilt bei $i_v = i_d$ folgende Bedingung:

$$F_E\, i_d + F_R^A + F_L^A - F_T^A - F_T^G$$
$$= -F_E - F_S + F_T^Q + F_{St} - F_R^L - F_L^L + F_T^L > F_N^A\, \mu^A$$

Kippen des RS um die Antriebsachse im Krafthub

Der GRRS kippt, wenn folgendes Momentenungleichgewicht um die Antriebsachse erfüllt ist (s. Bild A4):

$$F_{St}\, l_2 + F_T^Q\, l_1 + F_S\, l_1 > F_N\, l_3$$

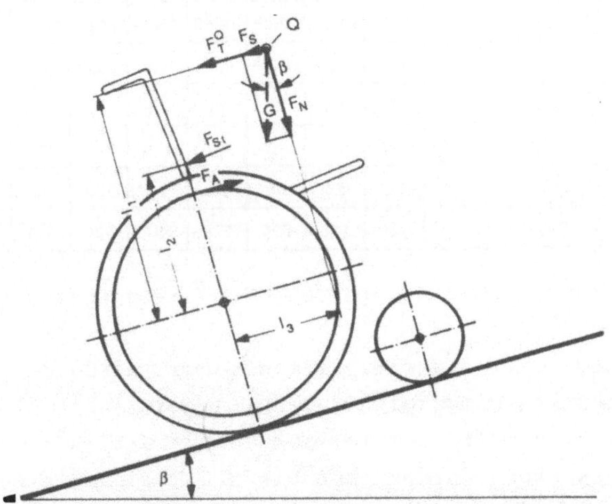

Bild A5: Kräfte beim Kippen des GRRS

8.1.4 Arbeitsbewegung am Greifreifenrollstuhl
8.1.4.1 Bewegungsanalyse am Hand-Arm-System

Zur mechanischen Analyse der Arbeitsbewegung wurden zehn Belastungsbedingungen mit unterschiedlichen Antriebsaufgaben und Ausprägungen ausgewählter Gestaltungsparameter überprüft. Die Belastungsbedingungen sind in Bild A6 zusammengestellt. Zur Analyse wurden Hochgeschwindigkeits-Filmaufnahmen (s. Abschn. 4.2.3) und mechanische Aktivitätsgrößen am GR (s. Abschn. 4.1.3) herangezogen.

Belastungsbedingung			1	2	3	4	5	6	7	8	9	10
Antriebs-aufgabe		$\bar{P}/W$	30	30	30	40	40	30	30	30	30	30
		$\bar{F}_W/N$	32,04	32,04	19,65	42,74	32,03	32,04	32,04	32,04	32,04	32,04
		$\bar{v}/(m/s)$	0,94	0,94	1,53	0,94	1,25	0,94	0,94	0,94	0,94	0,94
Rollstuhlgestaltung	Über-set-zung	i_v	0,86	0,38	0,86	0,86	0,86	0,86	0,86	0,86	0,86	0,86
		$\bar{F}_W^G/N$	37,25	83,33	22,85	49,68	37,28	37,25	37,25	37,25	37,25	37,25
		$\bar{v}^G/(m/s)$	0,81	0,36	1,31	0,81	1,07	0,81	0,81	0,81	0,81	0,81
	Ver-lauf des GR	L_x /mm	75	75	75	75	75	0	150	75	75	75
		L_y /mm	110	110	110	110	110	110	110	110	110	150
		L_z /mm	50	50	50	50	50	100	0	50	50	50
		D/mm	520	520	520	520	520	520	520	420	620	520

Bild A6: Belastungsbedingungen bei der Bewegungsanalyse

Bei der Hochgeschwindigkeits-Filmaufnahme wurde der Verlauf der
fünf Körperpunkte Fingergrundgelenk, Handgelenk, Ellbogengelenk,
Schultergelenk und Sternum im Raum analysiert. Bei der rechnerge-
stützten Auswertung wurden neun bis elf Raumpunkte zur Beschreibung eines Bewegungszyklus herangezogen und daraus der Abstand
und die mittlere Geschwindigkeit zwischen den Raumpunkten sowie
die Beschleunigung in den Raumpunkten ermittelt. Darüber hinaus
wurden der Flexionswinkel des Ellbogengelenks und der dorsale
Flexionswinkel des Handgelenks in jedem Raumpunkt bestimmt. In
Bild A7 sind die Einzelwerte für das Fingergrundgelenk bei der
Belastungsbedingung 1 zusammengestellt.

Die Bewegungsbahnen der o.g. Körperpunkte wurden graphisch dargestellt. Das Bild 2 in Abschn. 3.4.1.1 zeigt die Bewegungsbahnen
bei der Belastungsbedingung 1 in der Seitenansicht, das Bild A8
die dazugehörige Draufsicht.

Raum-punkt	Koordinaten x'	y'	z'	Ab-stand	v^F	a^F	Flexionswinkel Ellbogen-gelenk	Handgelenk (dorsal)
	mm	mm	mm	mm	m/s	m/s^2	(°)	(°)
1	18,6	-22,2	35,1			4,43	120,8	126,5
				5,08	0,47			
2	13,6	-23,1	35,1			3,91	123,9	113,2
				9,55	0,89			
3	4,5	-26,0	35,5			0,10	111,3	126,1
				9,67	0,90			
4	-5,1	-27,2	35,2			0,42	104,3	152,8
				10,16	0,94			
5	-15,0	-24,9	35,1			0,93	109,3	175,2
				11,24	1,05			
6	-25,3	-20,4	35,1			-3,40	129,4	170,6
				7,35	0,68			
7	-32,6	-19,9	34,4			-0,54	146,5	174,4
				6,73	0,62			
8	-33,2	-26,6	34,8			1,29	126,2	167,4
				8,22	0,76			
9	-27,3	-31,7	37,4			9,07	110,3	148,3
				18,61	1,73			
10	-8,7	-31,1	37,2			-1,67	106,7	129,2
				16,70	1,56			
11	7,7	-28,2	35,9			-3,71	117,6	110,7
				12,46	1,16			

Bild A7: Zusammenstellung der Einzelwerte zur Beschreibung der Bewegungsbahn des Fingergrundgelenks bei der Belastungsbedingung 1

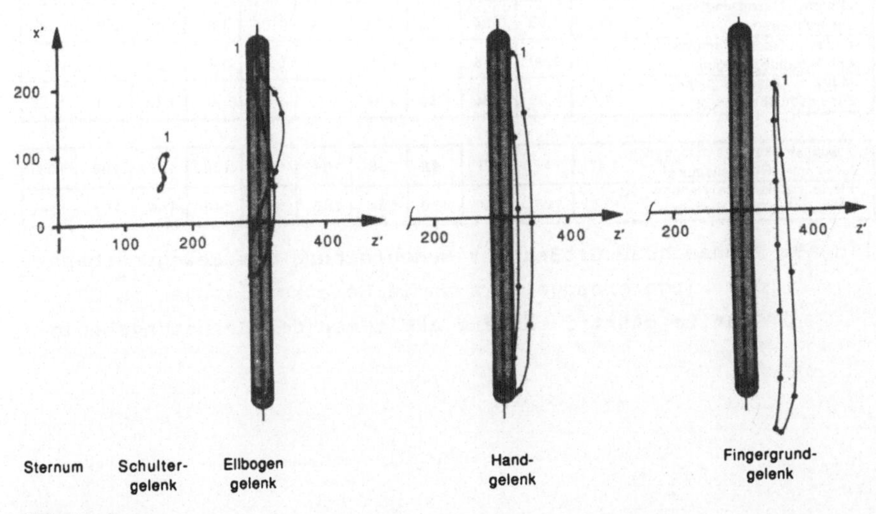

Bild A8: Bewegungsbahn des Fingergrundgelenks, Handgelenks, Ellbogengelenks, Schultergelenks und Sternums bei der Belastungsbedingung 1 in der Draufsicht

Für die quantitative Analyse der belastungsabhängigen Veränderungen der Arbeitsbewegung wurden die Daten weiter verdichtet. In Bild A9 sind mechanische Größen der Bewegungsbahn des Fingergrundgelenks sowie die Gelenkstellungen im GR-Scheitelpunkt abhängig von der Belastungsbedingung zusammengestellt. In Bild A10 sind mechanische Aktivitätsgrößen zur Beschreibung der geometrischen, dynamischen und energetischen Zustandsveränderungen am GR wiedergegeben.

Belastungsbedingung		1	2	3	4	5	6	7	8	9	10
Länge der Hubbewegung	m	1,16	1,02	1,30	1,20	1,20	1,14	0,98	1,00	1,17	1,14
Länge der Krafthubbewegung	m	0,35	0,38	0,33	0,38	0,36	0,30	0,32	0,32	0,41	0,35
Länge der Leerhubbewegung	m	0,81	0,64	0,97	0,82	0,84	0,84	0,66	0,68	0,76	0,79
Zeit der Hubbewegung	s	1,18	1,59	0,96	1,18	1,07	1,07	1,07	1,07	1,29	1,17
Zeit der Krafthubbewegung	s	0,44	0,84	0,25	0,47	0,33	0,33	0,38	0,42	0,51	0,40
Zeit der Leerhubbewegung	s	0,74	0,75	0,71	0,71	0,74	0,74	0,68	0,65	0,78	0,77
Mittlere Geschwindigkeit der Hubbewegung	m/s	0,98	0,64	1,35	1,02	1,12	1,07	0,93	0,93	0,91	0,97
Mittlere Geschwindigkeit der Krafthubbewegung	m/s	0,80	0,45	1,32	0,81	1,09	0,89	0,85	0,76	0,81	0,87
Mittlere Geschwindigkeit der Leerhubbewegung	m/s	1,08	0,85	1,36	1,16	1,13	1,13	0,97	1,04	0,97	1,03
Flexionswinkel des Ellbogengelenks im GR-Scheitelpunkt	(°)	111	106	98	106	104	117	102	107	103	108
Flexionswinkel des Handgelenks- (dorsal) im GR-Scheitelpunkt	(°)	126	137	170	134	138	138	146	144	147	154

Bild A9: Mechanische Größen zur Beschreibung der Bewegungsbahn des Fingergrundgelenks sowie Gelenkstellungen im GR-Scheitelpunkt in Abhängigkeit von der Belastungsbedingung

Belastungsbedingung		1	2	3	4	5	6	7	8	9	10
L_H	Hublänge in m	0,95	0,63	1,36	0,96	1,13	0,84	0,89	0,91	0,98	0,93
L_{KH}	Krafthublänge in m	0,35	0,38	0,33	0,38	0,36	0,30	0,32	0,32	0,41	0,35
L_{LH}	Leerhublänge in m	0,60	0,25	1,03	0,58	0,77	0,54	0,57	0,59	0,57	0,58
R_{KH}	Relative Länge des Krafthubes	0,37	0,60	0,24	0,39	0,32	0,35	0,36	0,35	0,42	0,38
$F_{A,MAX}$	Maximale Antriebskraft in N	146,40	186,30	145,90	170,10	154,90	156,40	151,00	145,80	128,40	135,10
$\bar{F}_{A,KH}$	Mittlere Antriebskraft im Krafthub in N	101,30	137,20	100,30	126,20	116,40	106,70	105,80	107,70	90,80	99,50
$\bar{F}_A$	Mittlere Antriebskraft im Hub in N	37,70	82,70	24,40	49,50	37,11	37,50	38,50	38,00	38,10	37,60
$R_{A,MAX}$	Relative Lage der $F_{A,MAX}$	0,46	0,40	0,41	0,51	0,52	0,41	0,47	0,54	0,51	0,41
R_A	Relative Höhe der $\bar{F}_{A,KH}$	0,64	0,71	0,58	0,71	0,68	0,61	0,64	0,70	0,68	0,69
f_H	Hubfrequenz in 1/min	50,70	37,20	57,90	50,10	56,00	56,60	52,80	52,10	49,10	50,30
W_H	Arbeit je Hub in J	35,94	52,29	33,22	47,35	41,98	31,45	34,14	34,65	37,12	34,92

Bild A10: Mechanische Aktivitätsgrößen zur Beschreibung der mechanischen Zustandsänderungen am GR in Abhängigkeit von der Belastungsbedingung

8.1.4.2 Hand-Greifreifen-Kopplung beim Antreiben

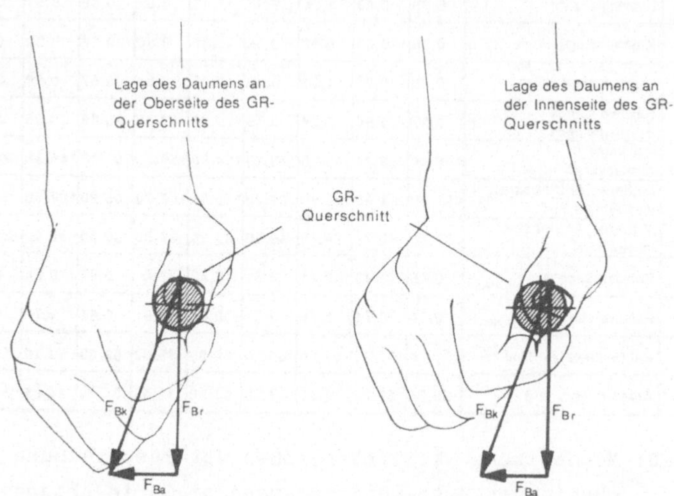

Bild A11: Einleitung der axial und radial wirkenden Komponenten der Betätigungskraft im GR-Scheitelpunkt abhängig von der Handhaltung

8.1.4.3 Manipulationsarbeit

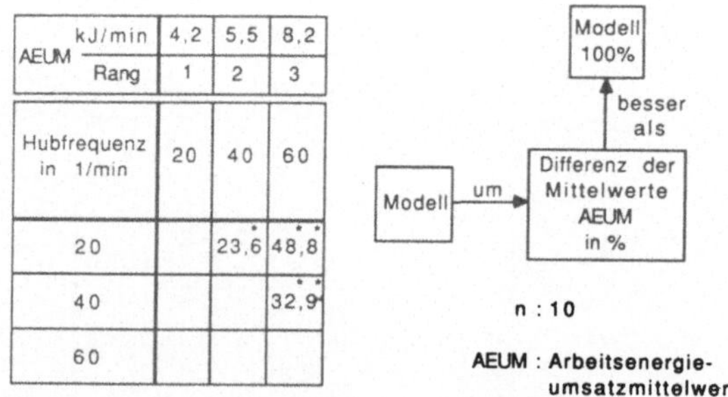

AEUM	kJ/min	4,2	5,5	8,2
	Rang	1	2	3
Hubfrequenz in 1/min		20	40	60
20			23,6[*]	48,8[**]
40				32,9[**]
60				

Bild A12: Arbeitsenergieumsatz aufgrund der Manipulationsarbeit in Abhängigkeit von der Hubfrequenz; Mittelwertvergleich

APFM	1/min	15,5	20,4	23,2
	Rang	1	2	3
Hubfrequenz in 1/min		20	40	60
20			24,0•	33,2••
40				12,1
60				

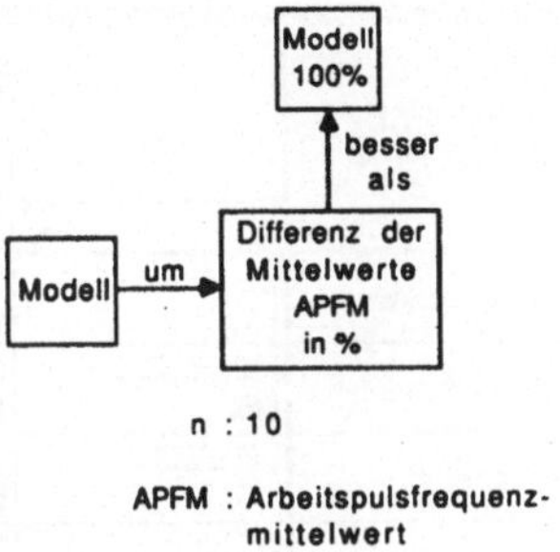

Bild A13: Arbeitspulsfrequenz aufgrund der Manipulationsarbeit in Abhängigkeit von der Hubfrequenz; Mittelwertvergleich

8.1.5 Zusammenfassung der Befragungsergebnisse zur Gestaltung des Greifreifenrollstuhls

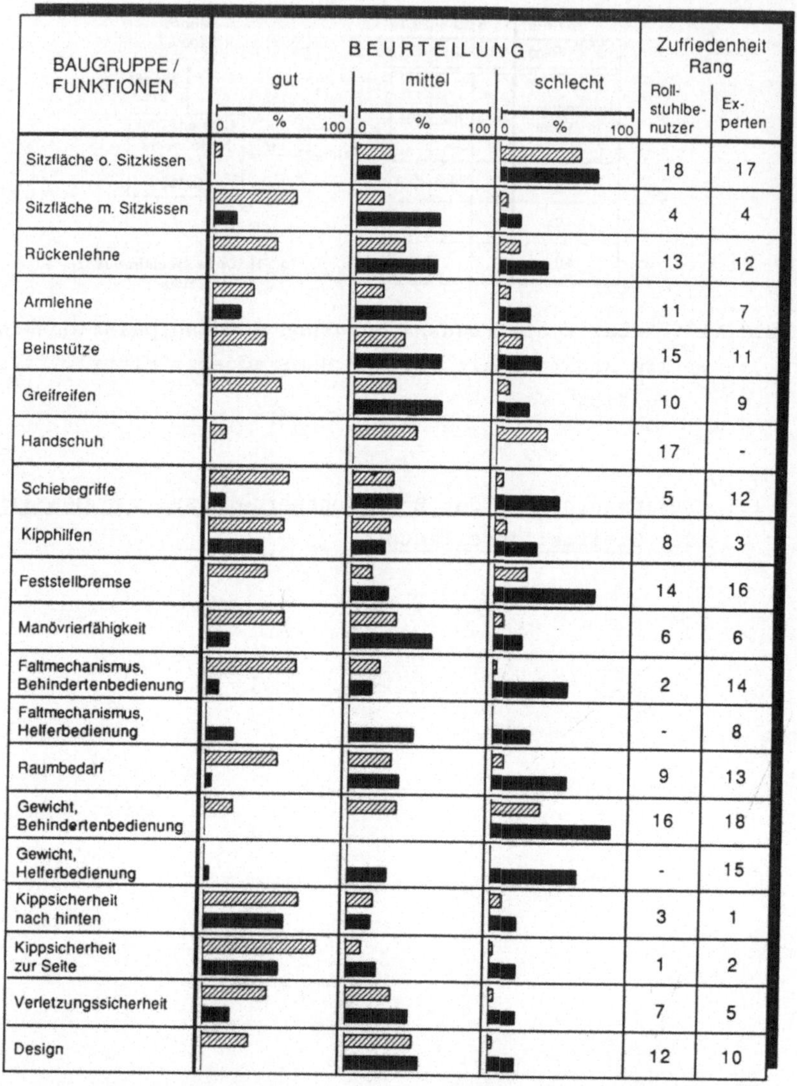

BAUGRUPPE / FUNKTIONEN	BEURTEILUNG			Zufriedenheit Rang	
	gut 0 % 100	mittel 0 % 100	schlecht 0 % 100	Rollstuhlbenutzer	Experten
Sitzfläche o. Sitzkissen				18	17
Sitzfläche m. Sitzkissen				4	4
Rückenlehne				13	12
Armlehne				11	7
Beinstütze				15	11
Greifreifen				10	9
Handschuh				17	-
Schiebegriffe				5	12
Kipphilfen				8	3
Feststellbremse				14	16
Manövrierfähigkeit				6	6
Faltmechanismus, Behindertenbedienung				2	14
Faltmechanismus, Helferbedienung				-	8
Raumbedarf				9	13
Gewicht, Behindertenbedienung				16	18
Gewicht, Helferbedienung				-	15
Kippsicherheit nach hinten				3	1
Kippsicherheit zur Seite				1	2
Verletzungssicherheit				7	5
Design				12	10

Rollstuhlbenutzer, n = 73   Experten, n = 24

(Die Prozentangaben können mit der Antwortkategorie "Keine Angabe" auf 100% ergänzt werden)

Beurteilung ausgewählter Funktionen und Baugruppen des Greifreifenrollstuhls

Bild A14: Beurteilung ausgewählter Funktionen und Baugruppen des GRRS nach den Angaben der Befragten

| BAUGRUPPE / FUNKTIONEN | RANGREIHE | | | |
| | Häufigkeit der Schwierigkeiten | | Häufigkeit der Verbesserungsvorschläge | |
	Rollstuhl-benutzer	Experten	Rollstuhl-benutzer	Experten
Sitzfläche o. Sitzkissen	3	6	4	1
Sitzfläche m. Sitzkissen	5	7		
Rückenlehne	4	3	2	2
Armlehne	6	4	9	6
Beinstütze	2	2	3	5
Greifreifen	1	1	6	8
Handschuh	7	-	1	-
Übersetzung	-	-	10	7
Schiebegriffe, Kipphilfen	8	8	8	4
Feststellbremse	9	5	6	9
Manövrierfähigkeit	10	12	10	14
Faltmechanismus	13	10	13	10
Raumbedarf	12	10	14	15
Gewicht	10	9	15	11
Kippsicherheit	-	-	15	13
Verletzungssicherheit	-	-	12	12
Design	-	-	5	2

Rollstuhlbenutzer: n = 73   Experten: n = 24

Bild A15: Häufigkeit von Schwierigkeiten und Verbesserungs-
vorschlägen nach den Angaben der Befragten

FUNKTION	RANGREIHE	
	Rollstuhl-benutzer	Experten
Sitzen	1	2
Sicherheit	2	1
Fahren	3	3
Transportieren, Aufbewahren	4	5
Verschleißfestigkeit	5	4
Wartung, Service	6	6
Design	7	7

Rollstuhlbenutzer: n = 73   Experten: n = 24

Bild A16: Bedeutung der RS-Funktionen bei der RS-Versorgung nach den Angaben der Befragten

8.2   Ergänzungen zur Untersuchungsmethodik

8.2.1 Beschreibung des exemplarischen Rollstuhl-Gesamtsystems

Das exemplarische RS-Gesamtsystem wird der Simulation der Fahraufgabe auf dem RS-Simulator (s. Abschn. 4.2.1) zugrundegelegt.

Einzeldaten

$$G = 900 \text{ N} \qquad m = 91,74 \text{ kg}$$
$$D^A = 0,6 \text{ m} \qquad J^A = 0,2 \text{ kgm}^2$$
$$D = 0,52 \text{ m} \qquad J^G = 0,006 \text{ kgm}^2$$
$$D^L = 0,2 \text{ m} \qquad J^L = 0,001 \text{ kgm}^2$$
$$i_d = 0,86$$
$$F_{La} \text{ in N: wird vernachlässigt}$$

Berechnung des Rollwiderstandes mit vereinfachenden Annahmen nach Bennedik u.a. /2/

$$F_{Ro} = \left((2\, F_N^A / D^A) + (2\, F_N^L / D^L) \right) f = K f$$

mit $K = 5,3$ N/mm $f = 1,6$ mm für Asphaltstraße

Berechnung des Trägheitswiderstandes

$$F_{Tr} = F_T^Q + F_T^A + F_T^G + F_T^L$$

$$\text{mit } F_T^Q = m\,a \qquad\qquad F_T^G = 4\ J^G\,a\,(i_\omega)^2/(D^A)^2$$
$$F_T^A = 4\ J^A\,a/(D^A)^2 \qquad F_T^L = 4\ J^L\,a/(D^L)^2$$

8.2.2 Berechnung der mechanischen Aktivitätsgrößen

Die mechanischen Aktivitätsgrößen (s. Abschn. 4.1.3) wurden nach folgenden Formeln nach der Versuchsdurchführung aus dem zeitvarianten Verlauf des Antriebsmoments M_A^S und des Drehwinkels φ^S am RS-Simulator (s. Abschn. 4.2.1.2.2) berechnet:

$$L_H = (D \sum_{i=1}^{u} \Delta\varphi_{H,i})/(2\ u)$$

$$L_{KH} = (D \sum_{i=1}^{u} \Delta\varphi_{KH,i})/(2\ u)$$

$$L_{LH} = L_H - L_{KH}$$

$$R_{KH} = (\sum_{i=1}^{u} (\Delta\varphi_{KH,i}/\Delta\varphi_{H,i}))/u$$

$$M_{A,MAX} = (\sum_{i=1}^{u} M_{A,MAX,i})/u$$

$$F_{A,MAX} = 2\ M_{A,MAX}/D$$

$$\overline{M}_{A,KH} = (\sum_{i=1}^{u} ((\int_{\Delta\varphi_{KH,i}} M_A^S\,d\varphi^S)/\Delta\varphi_{KH,i}))/u$$

$$\bar{F}_{A,KH} = 2\,\bar{M}_{A,KH}/D$$

$$\bar{M}_{A,H} = (\sum_{i=1}^{u}((\int_{\Delta\varphi_{H,i}} M_A^S\,d\varphi^S)/\Delta\varphi_{H,i}))/u$$

$$\bar{F}_{A,H} = 2\,\bar{M}_{A,H}/D$$

$$R_{A,MAX} = (\sum_{i=1}^{u}(\Delta\varphi'_{KH,i}/\Delta\varphi_{KH,i}))/u$$

$$R_{A,KH} = (\sum_{i=1}^{u}(\bar{M}_{A,KH,i}/M_{A,MAX,i}))/u$$

$$f_H = u/\sum_{i=1}^{u} t_{H,i}$$

$$W_H = (\sum_{i=1}^{u}\int_{\Delta\varphi_{H,i}} M_A^S\,d\varphi^S)/u$$

8.2.3 Beschreibung des Versuchspersonenkollektivs

Nr.	Geschlecht	Alter in Jahren	Medizinische Diagnose	Schädigung								
				Kinematik			Dynamik			Steuerung		
				Fuß-Bein-System	Rumpf	Hand-Arm-System	Fuß-Bein-System	Rumpf	Hand-Arm-System	Fuß-Bein-System	Rumpf	Hand-Arm-System
1	w	26	Syringomyelie	b+	b+	b+	b-	bo	r+, lo	b-	bo	b+
2	m	34	keine Behinderung	b+	b+	b+	b+	b+	b+	b+	b+	b+
3	m	23	Querschnittlähmung	b+	b+	b+	b-	bo	b+	b-	bo	b+
4	m	14	Querschnittlähmung	b+	b+	b+	b-	bo	b+	b-	bo	b+
5	w	14	Spastik (Hüfte/Bein)	b+	b+	b+	b+	b+	b+	bo	b+	b+
6	w	45	Querschnittlähmung	bo	b+	b+	b-	b+	b+	b-	b+	b+
7	w	14	Spina bifida	bo	b+	b+	bo	b+	b+	bo	b+	b+
8	m	26	keine Behinderung	b+	b+	b+	b+	b+	b+	b+	b+	b+
9	w	21	keine Behinderung	b+	b+	b+	b+	b+	b+	b+	b+	b+
10	w	15	Querschnittlähmung	b+	b+	b+	b-	b+	b+	b-	b+	b+
11	m	27	Schlaffe Lähmung	bo	b+	b+	b-	b+	b+	b-	b+	b+
12	m	34	Querschnittlähmung	b+	b+	b+	b-	b+	b+	b-	b+	b+
13	m	26	keine Behinderung	b+	b+	b+	b+	b+	b+	b+	b+	b+
14	m	36	Paraplegie	b+	b+	b+	b-	bo	b+	b-	bo	b+
15	m	41	Querschnittlähmung	b+	b+	b+	b-	b+	b+	b-	b+	b+
16	m	24	keine Behinderung	b+	b+	b+	b+	b+	b+	b+	b+	b+
17	m	26	keine Behinderung	b+	b+	b+	b+	b+	b+	b+	b+	b+
18	m	22	keine Behinderung	b+	b+	b+	b+	b+	b+	b+	b+	b+

b : beidseitig   + : Funktion vorhanden   m : männlich
r : rechts   o : Funktion eingeschränkt vorhanden   w : weiblich
l : links   - : Funktion nicht vorhanden

Bild A17: Typologische Daten der Versuchspersonen 1

Nr.	Anthropometrische Daten in cm										Kardio-pulmonale Leistungs-fähigkeit		Ge-wicht	Ruhe-puls
	Körper-sitzhöhe	Schulter-höhe	Ell-bogen-höhe	Ell-bogen-Griff-achsen-Abstand	Akro-mien-abstand	Hand-länge	Hand-breite	Mittel-finger-länge	Mittel-finger-breite (körper-nah)	Körper-höhe	W_{150} W	$\overset{\circ}{V}O_{2\,max}$ 1/min	kg	1/min
1	90,5	62	28,5	31	35	17	7,5	7,5	1,8	170	24,46	0,52	64	75
2	91	66	27	35	35	19	8,5	8,3	1,8	179	45,81	2,14	71	75
3	70,5	40	5,5	37	34	17	7,5	7,0	2,0	150	29,03	1,49	55	59
4	80	52	16	32	31	20,5	7	8,3	2	166	25,17	0,83	39	89
5	80	54	20	36	31	19,5	8,2	7,8	1,6				42	100
6	71	49	16	30	28	17	8	7,6	1,7				30	92
7	79	52	18	33	29	16,2	7,5	6,8	1,7				36	74
8	94	64	26	34	30,8	18,2	7,3	7,5	1,7	177	26,17	0,63	59	83
9	89	59	24	32	30	17,6	7,5	7,3	1,6				56	65
10	81	53	15	34	26,5	18	8	7,8	1,7				41	97
11	94	68	28	38	39	19,4	9,5	8,2	2,3	180	57,26	2,34	91	70
12	93	63	24	36,5	36	19,2	8,8	7,6	2,1	175	30,44	1,26	66	84
13	93	63	23	36	34	19,5	7,7	7,9	1,9	174	53,41	3,91	68	80
14	88	60	27	35	33	18,7	8,7	7,8	1,8	171	50,41	2,17	70	70
15	85	58	22	34	26	18	9	8	1,8				58	75
16	95	65	25	37	34	19,4	8,7	8,3	2	186	37,36	2,57	78	57
17	92	62	25	34	32	18,5	8,1	7,5	2	176	33,50	2,17	65	74
18	92	61	23	34	37	18	8,8	8	2	170	51,42	3,52	62	69

Bild A18: Typologische Daten der Versuchspersonen 2

8.2.4 Versuchseinrichtungen

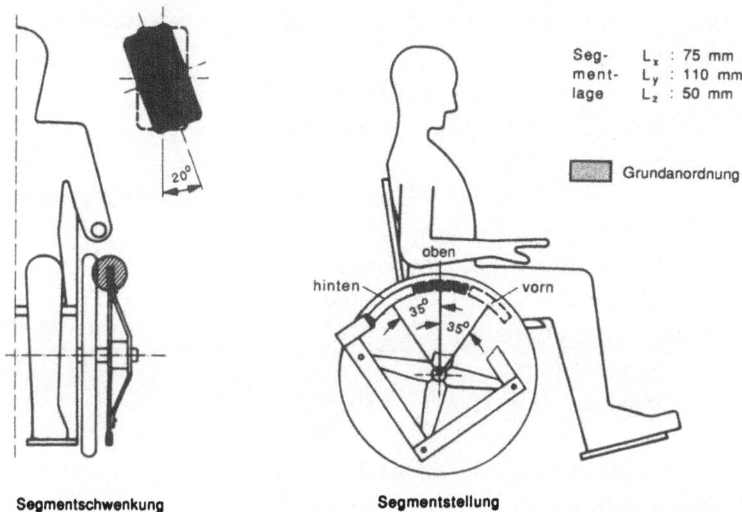

Bild A19: Vorrichtung zur Aufnahme sowie zur Variation der Stellung und Schwenkung der Modellsegmente beim Maximalkrafttest (s. Abschn. 4.1.4)

8.2.5 Programmstruktur zur Durchführung und Auswertung der experimentellen Untersuchungen

Im Rahmen der vorliegenden Untersuchung wurden folgende Rechner-
programme erstellt:

1   Steuerung des RS-Simulators sowie Erfassung und Auswertung der Meßwerte

1.1   Interaktive Bedienerschnittstelle
Testdurchführung, Überwachung und Kontrolle des Fahr-,
Schnellfahr-, Brems- und Maximalkrafttests

2.3   Dienstprogramme

3   Auswertung der Hochgeschwindigkeits-Filmaufnahme
        Berechnung der geometrischen und kinematischen Größen zur
        Beschreibung der Bewegungsbahnen von Körperpunkten

8.3   Ergänzungen zu den experimentellen Untersuchungen
8.3.1   Versuchsergebnisse zur Gestaltung des Greifreifenverlaufs

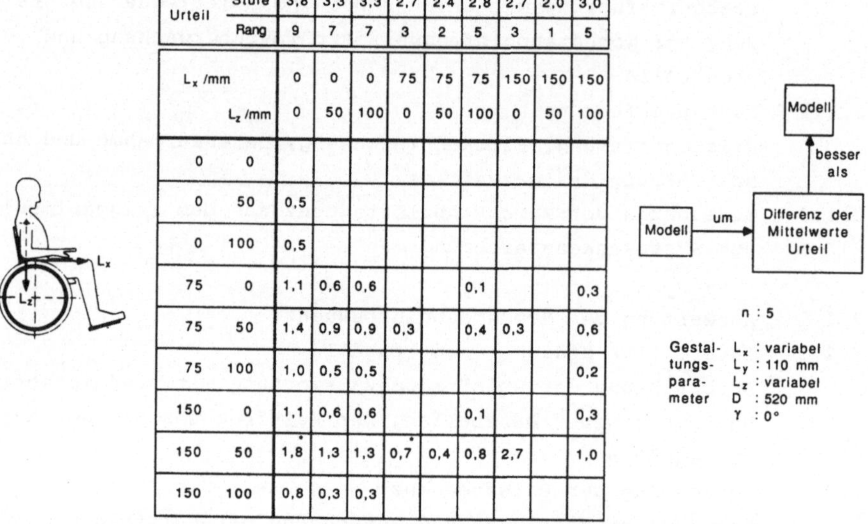

Urteil	Stufe	3,8	3,3	3,3	2,7	2,4	2,8	2,7	2,0	3,0
	Rang	9	7	7	3	2	5	3	1	5
L_x /mm		0	0	0	75	75	75	150	150	150
	L_z /mm	0	50	100	0	50	100	0	50	100
0	0									
0	50	0,5								
0	100	0,5								
75	0	1,1	0,6	0,6			0,1			0,3
75	50	1,4	0,9	0,9	0,3		0,4	0,3		0,6
75	100	1,0	0,5	0,5						0,2
150	0	1,1	0,6	0,6			0,1			0,3
150	50	1,8	1,3	1,3	0,7	0,4	0,8	2,7		1,0
150	100	0,8	0,3	0,3						

Bild A20: Subjektives Urteil in Abhängigkeit von der Frontal- und
Höhenlage des GR im Vorversuch; Mittelwertvergleich

- 179 -

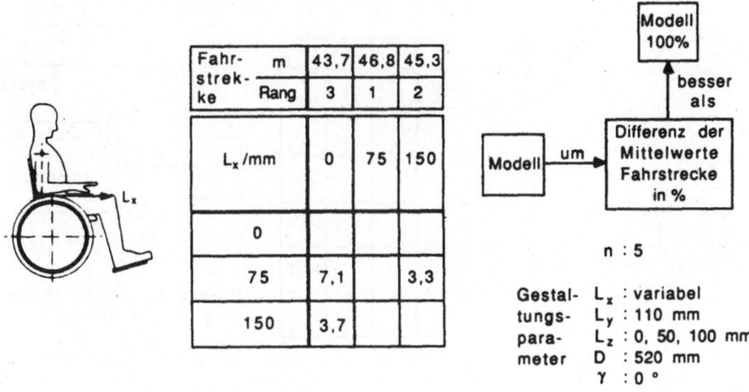

Fahr-streke	m	43,7	46,8	45,3
	Rang	3	1	2
L_x/mm		0	75	150
0				
75		7,1		3,3
150		3,7		

Bild A21: Fahrstrecke in Abhängigkeit von der Frontallage des GR; Mittelwertvergleich

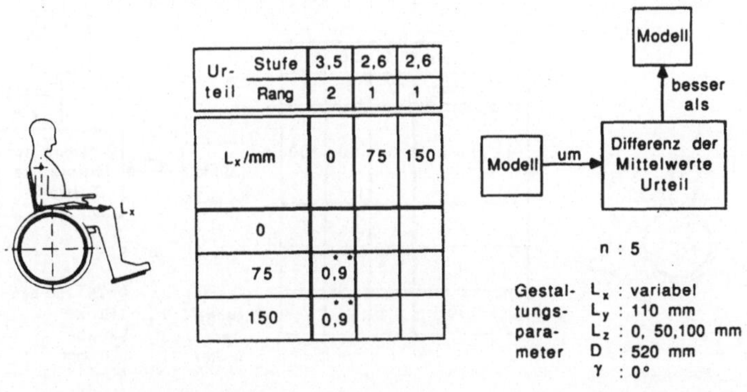

Ur-teil	Stufe	3,5	2,6	2,6
	Rang	2	1	1
L_x/mm		0	75	150
0				
75		0,9		
150		0,9		

Bild A22: Subjektives Urteil in Abhängigkeit von der Frontallage des GR; Mittelwertvergleich

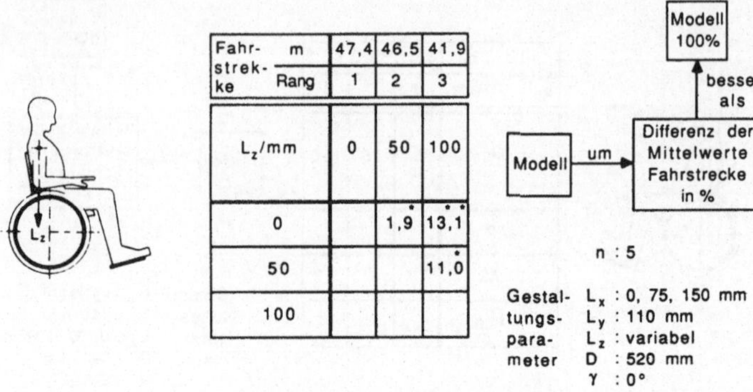

Fahr-strek-ke	m	47,4	46,5	41,9
	Rang	1	2	3
L_z/mm		0	50	100
0			1,9	13,1
50				11,0
100				

Bild A23: Fahrstrecke in Abhängigkeit von der Höhenlage des GR; Mittelwertvergleich

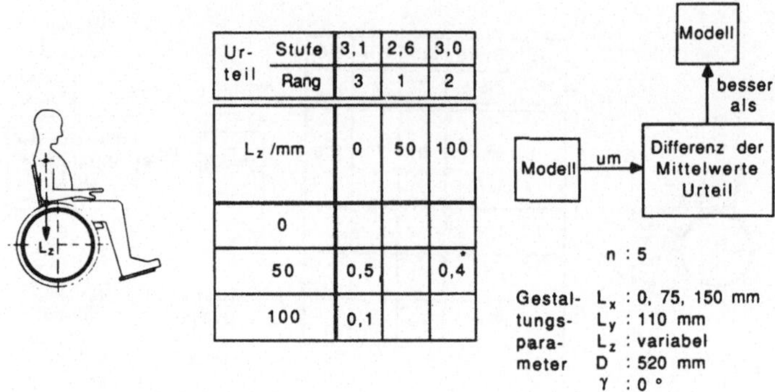

Ur-teil	Stufe	3,1	2,6	3,0
	Rang	3	1	2
L_z/mm		0	50	100
0				
50		0,5		0,4
100		0,1		

Bild A24: Subjektives Urteil in Abhängigkeit von der Höhenlage des GR; Mittelwertvergleich

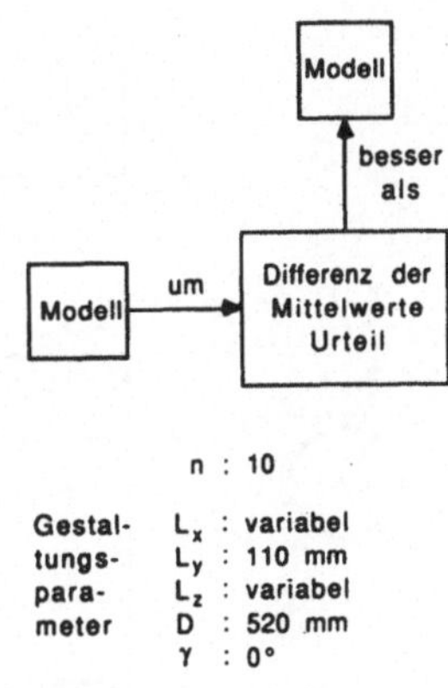

Urteil		3,8	2,6	2,3	3,1	2,6
	Stufe	3,8	2,6	2,3	3,1	2,6
	Rang	5	2	1	4	2
L_x/mm		0	75	75	75	150
	L_z/mm	100	0	50	100	0
0	100					
75	0	1,2			0,5	
75	50	1,5	0,3		0,8	0,3
75	100	0,7				
150	0	1,2			0,5	

Bild A25: Subjektives Urteil in Abhängigkeit von der Frontal- und Höhenlage des GR im Hauptversuch; Mittelwertvergleich

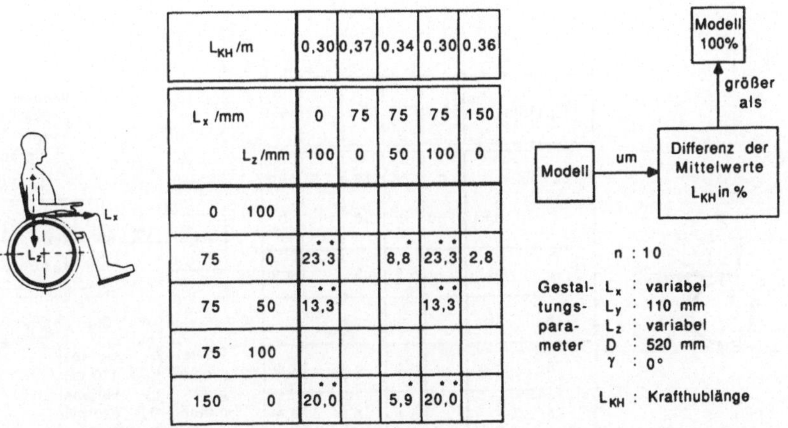

L_{KH}/m		0,30	0,37	0,34	0,30	0,36
L_x/mm		0	75	75	75	150
	L_z/mm	100	0	50	100	0
0	100					
75	0	23,3		8,8	23,3	2,8
75	50	13,3			13,3	
75	100					
150	0	20,0		5,9	20,0	

Bild A26: Krafthublänge in Abhängigkeit von der Frontal- und Höhenlage des GR; Mittelwertvergleich

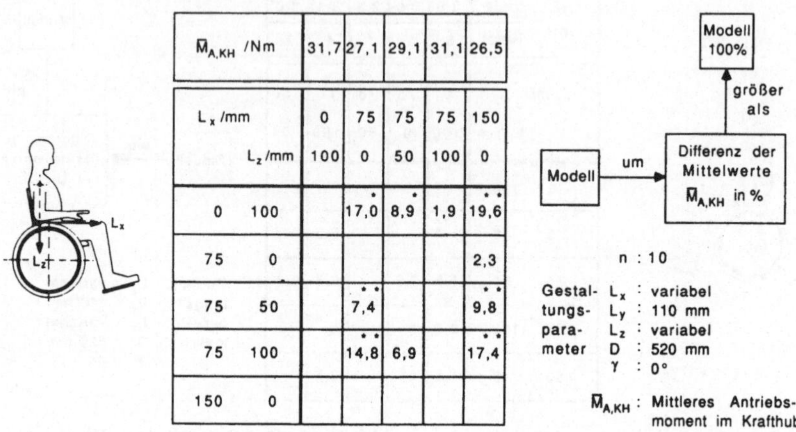

$\overline{M}_{A,KH}$ /Nm		31,7	27,1	29,1	31,1	26,5
L_x /mm		0	75	75	75	150
L_z /mm		100	0	50	100	0
0	100		17,0	8,9	1,9	19,6
75	0					2,3
75	50		7,4			9,8
75	100		14,8	6,9		17,4
150	0					

Bild A27: Mittleres Antriebsmoment im Krafthub in Abhängigkeit von der Frontal- und Höhenlage des GR; Mittelwertvergleich

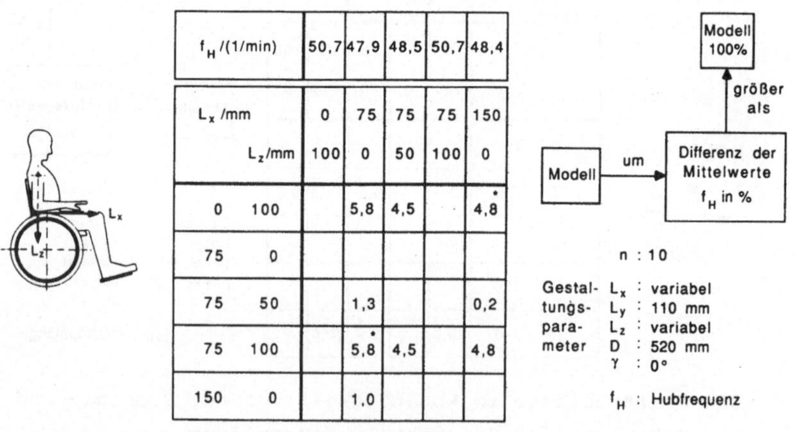

f_H /(1/min)		50,7	47,9	48,5	50,7	48,4
L_x /mm		0	75	75	75	150
L_z /mm		100	0	50	100	0
0	100		5,8	4,5		4,8
75	0					
75	50		1,3			0,2
75	100		5,8	4,5		4,8
150	0		1,0			

Bild A28: Hubfrequenz in Abhängigkeit von der Frontal- und Höhenlage des GR; Mittelwertvergleich

r_s	APFM	EPS	Urteil	L_{KH}	$\bar{M}_{A,KH}$	f_H
Fahrstrecke	-0,23 •	-0,38 • •	-0,34 • •	0,45 • • •	-0,34 • •	-0,20
APFM		0,82 • • •	-0,12	0,06	-0,50 • • •	0,11
EPS			-0,06	0,15	-0,52 • • •	-0,10
Urteil				0,10	0,18	-0,04
L_{KH}					-0,12	-0,68 • • •
$\bar{M}_{A,KH}$						0,33 • •

n : 10

Gestaltungsparameter	
L_x	: 0, 75, 150 mm
L_y	: 110 mm
L_z	: 0, 50, 100 mm
D	: 520 mm
γ	: 0°

APFM : Arbeitspulsfrequenzmittelwert in 1/min
EPS : Erholungspulssumme
L_{KH} : Krafthublänge in m
$\bar{M}_{A,KH}$: Mittleres Antriebsmoment im Krafthub in Nm
f_H : Hubfrequenz in 1/min
r_s : Spearman'scher Rangkorrelationskoeffizient

Bild A29: Korrelation zwischen ausgewählten Beurteilungsgrößen

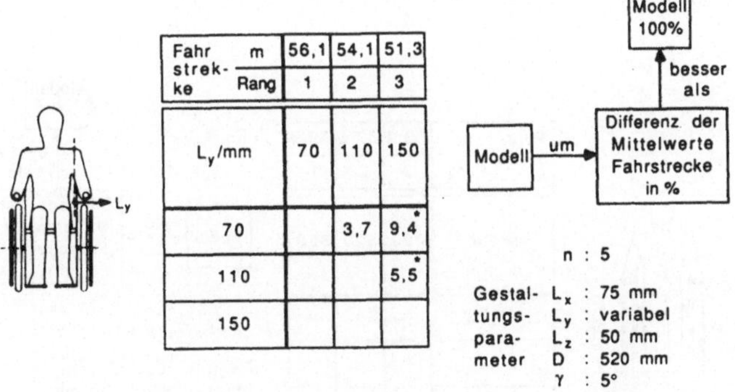

Fahrstrecke	m	56,1	54,1	51,3
	Rang	1	2	3
L_y/mm		70	110	150
70			3,7	9,4 *
110				5,5 *
150				

n : 5

Gestaltungsparameter	
L_x	: 75 mm
L_y	: variabel
L_z	: 50 mm
D	: 520 mm
γ	: 5°

Bild A30: Fahrstrecke in Abhängigkeit von der Seitenlage des GR; Mittelwertvergleich

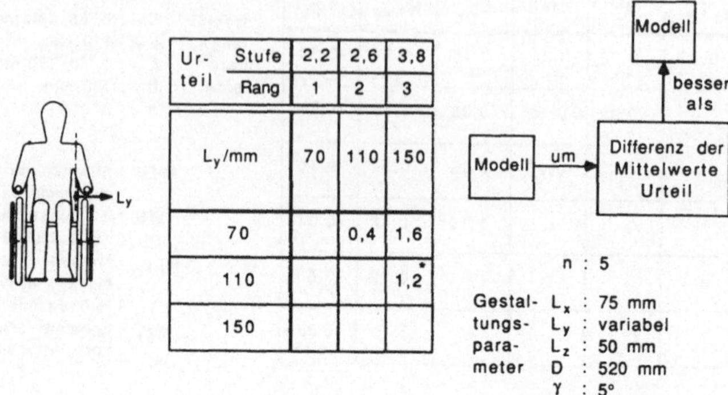

Ur-teil	Stufe	2,2	2,6	3,8
	Rang	1	2	3
L_y/mm		70	110	150
70			0,4	1,6
110				1,2*
150				

Bild A31: Subjektives Urteil in Abhängigkeit von der Seitenlage des GR; Mittelwertvergleich

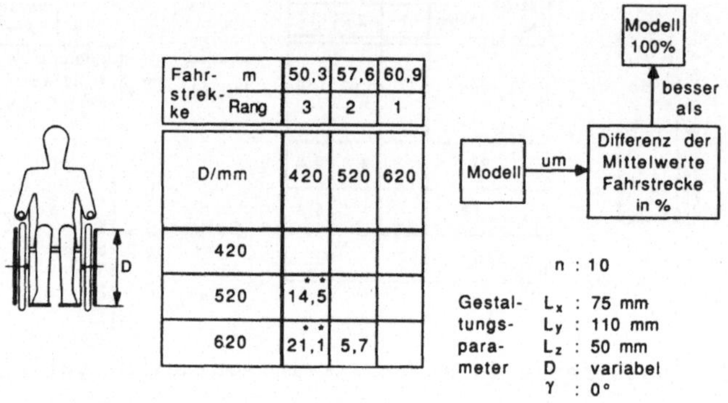

Fahr-strek-ke	m	50,3	57,6	60,9
	Rang	3	2	1
D/mm		420	520	620
420				
520		14,5**		
620		21,1**	5,7	

Bild A32: Fahrstrecke in Abhängigkeit vom Durchmesser des GR; Mittelwertvergleich

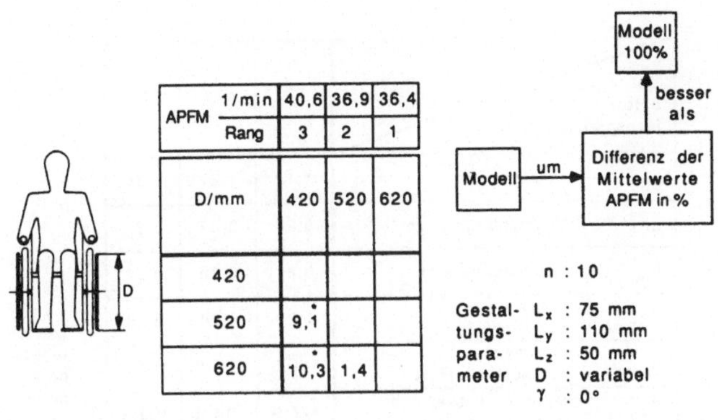

APFM 1/min	40,6	36,9	36,4
Rang	3	2	1
D/mm	420	520	620
420			
520	9,1		
620	10,3	1,4	

Bild A33: Arbeitspulsfrequenz in Abhängigkeit vom Durchmesser des GR; Mittelwertvergleich

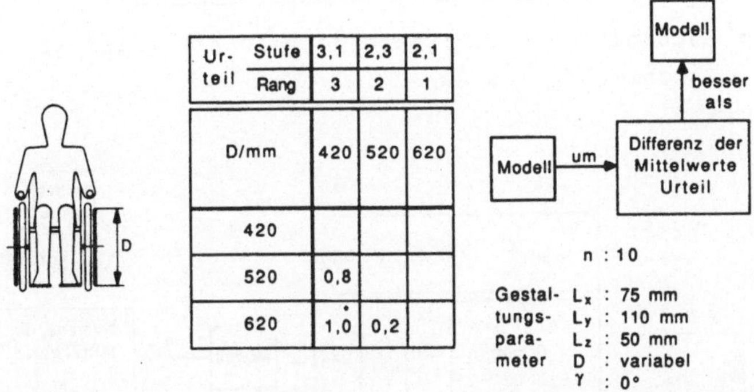

Ur-teil Stufe	3,1	2,3	2,1
Rang	3	2	1
D/mm	420	520	620
420			
520	0,8		
620	1,0	0,2	

Bild A34: Subjektives Urteil in Abhängigkeit vom Durchmesser des GR ; Mittelwertvergleich

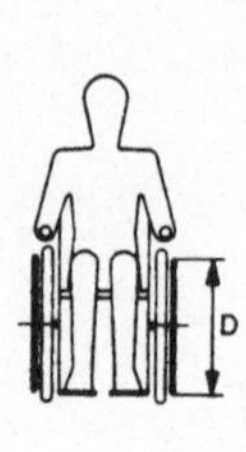

Be-urtei-lungsgröße	D/mm	420	520	620
L_H	Hublänge in m	1,12	1,27	1,34
L_{KH}	Krafthublänge in m	0,28	0,34	0,37
L_{LH}	Leerhublänge in m	0,84	0,92	0,97
R_{KH}	Relative Länge des Krafthubes	0,26	0,28	0,28
$F_{A,MAX}$	Maximale Antriebskraft in N	180,6	158,9	164,6
$\bar{F}_{A,KH}$	Mittlere Antriebskraft im Krafthub in N	125,9	114,0	109,6
$\bar{F}_A$	Mittlere Antriebskraft im Hub in N	31,8	31,2	30,8
$R_{A,MAX}$	Relative Lage der $F_{A,MAX}$	0,44	0,54	0,52
$R_{A,KH}$	Relative Höhe der $\bar{F}_{A,KH}$	0,64	0,67	0,64
f_H	Hubfrequenz in 1/min	52,1	46,1	44,2
W_H	Arbeit je Hub in J	35,6	39,4	41,0

n : 10

Gestaltungs-parameter
L_x : 75 mm
L_y : 110 mm
L_z : 50 mm
D : variabel
γ : 0°

Bild A35: Mechanische Aktivitätsgrößen in Abhängigkeit vom Durchmesser des GR

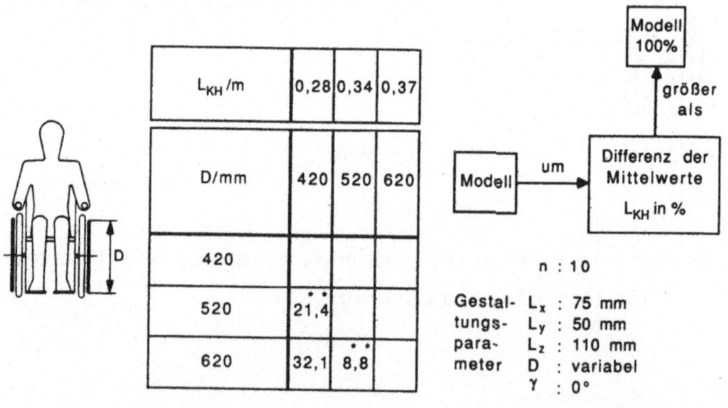

L_{KH}/m	0,28	0,34	0,37
D/mm	420	520	620
420			
520	21,4**		
620	32,1	8,8**	

n : 10

Gestaltungs-parameter
L_x : 75 mm
L_y : 50 mm
L_z : 110 mm
D : variabel
γ : 0°

L_{KH} : Krafthublänge

Bild A36: Krafthublänge in Abhängigkeit vom Durchmesser des GR; Mittelwertvergleich

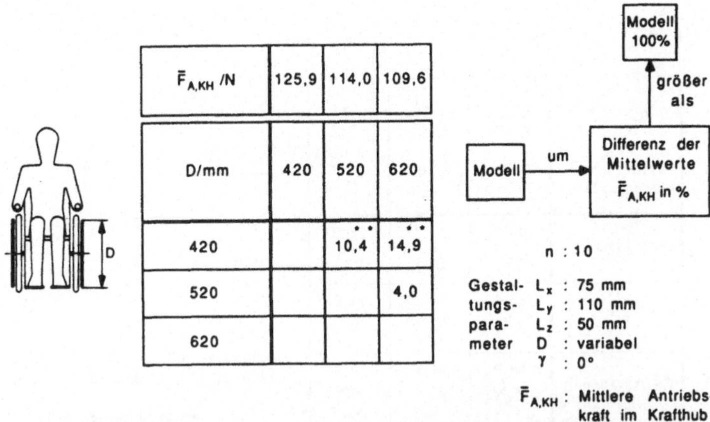

$\bar{F}_{A,KH}$ /N	125,9	114,0	109,6
D/mm	420	520	620
420		10,4··	14,9··
520			4,0
620			

Bild A37: Mittlere Antriebskraft im Krafthub in Abhängigkeit vom Durchmesser des GR; Mittelwertvergleich

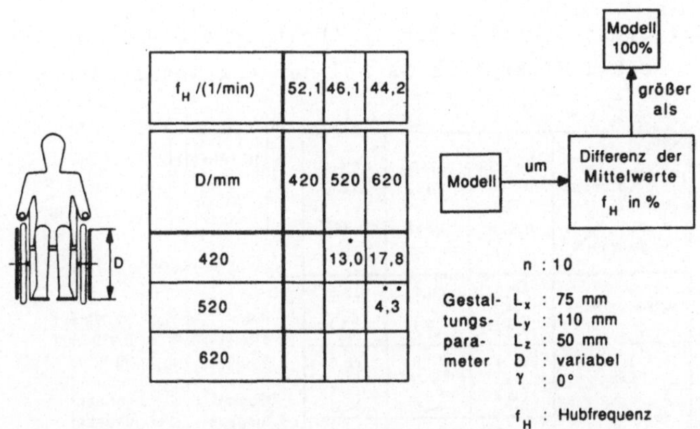

f_H /(1/min)	52,1	46,1	44,2
D/mm	420	520	620
420		13,0·	17,8
520			4,3··
620			

Bild A38: Hubfrequenz in Abhängigkeit vom Durchmesser des GR; Mittelwertvergleich

8.3.2 Versuchsergebnisse zur Gestaltung der Übersetzung

$\overline{F}_W^G$/N $\overline{v}^G$/(m/s) Beurteilungsgröße i_v	83,333 0,240 0,290	41,666 0,480 0,580	27,777 0,720 0,870
APFM/(1/min)	39,7 ③	33,7 ①	35,0 ②
EPS	85,4 ③	72,0 ①	72,8 ②
AEUM/(kJ/min)	12,0 ③	11,1 ①	11,7 ②
η_N/(%)	10,9 ③	11,7 ①	11,2 ②
Urteil	3,4 ③	2,0 ①	2,0 ①

Bild A39: Beurteilungsgrößen in Abhängigkeit von der Umfangsgeschwindigkeit am GR bei der Antriebsleistung von 20 W

$\overline{F}_W^G$/N $\overline{v}^G$/(m/s) Beurteilungsgröße i_v	124,999 0,240 0,256	62,499 0,480 0,512	41,666 0,720 0,768
APFM/(1/min)	50,7 ③	40,2 ②	37,9 ①
EPS	92,4 ③	77,8 ②	70,6 ①
AEUM/(kJ/min)	21,8 ③	16,4 ①	17,4 ②
η_N/(%)	8,5 ③	11,4 ①	10,7 ②
Urteil	4,6 ③	3,2 ②	2,4 ①

Bild A40: Beurteilungsgrößen in Abhängigkeit von der Umfangsgeschwindigkeit am GR bei der Antriebsleistung von 30 W

Beurteilungsgröße	$\bar{F}_W^G/\text{N}$ / $\bar{v}^G/(\text{m/s})$ / i_v		
$\bar{F}_W^G/\text{N}$	111,111	66,666	47,619
$\bar{v}^G/(\text{m/s})$	0,360	0,600	0,840
i_v	0,359	0,598	0,837
APFM/(1/min)	48,4 (3)	41,4 (2)	38,0 (1)
EPS	91,6 (3)	69,0 (1)	71,4 (2)
AEUM/(kJ/min)	32,2 (3)	27,2 (2)	26,5 (1)
η_N /(%)	7,8 (3)	9,2 (2)	9,4 (1)
Urteil	4,4 (3)	3,0 (2)	2,4 (1)

Bild A41: Beurteilungsgrößen in Abhängigkeit von der Umfangsgeschwindigkeit am GR bei der Antriebsleistung von 40 W

APFM	1/min	50,7	40,2	37,9
	Rang	3	2	1
$\bar{F}_W^G/\text{N}$ / $\bar{v}^G/(\text{m/s})$ / i_v		124,999 / 0,240 / 0,256	62,499 / 0,480 / 0,512	41,666 / 0,720 / 0,768
124,999 / 0,240 / 0,256				
62,499 / 0,480 / 0,512		20,7		
41,666 / 0,720 / 0,768		25,2	5,7	

Bild A42: Arbeitspulsfrequenz in Abhängigkeit von der Umfangsgeschwindigkeit am GR bei der Antriebsleistung von 30 W; Mittelwertvergleich

EPS	1	92,4	77,8	70,6
	Rang	3	2	1
$\bar{F}_W^G/N$, $\bar{v}^G/(m/s)$, i_v	124,999 0,240 0,256	62,499 0,480 0,512	41,666 0,720 0,768	
124,999 0,240 0,256				
62,499 0,480 0,512	15,8			
41,666 0,720 0,768	23,6	9,3		

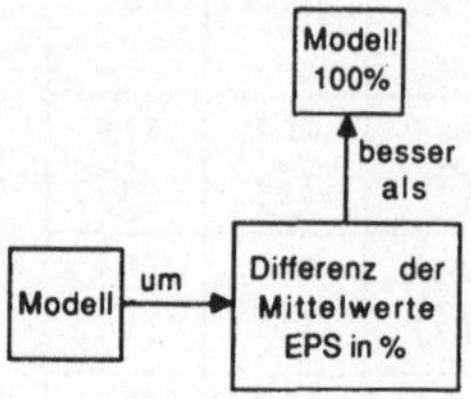

Bild A43: Erholungspulssumme in Abhängigkeit von der Umfangsgeschwindigkeit am GR bei der Antriebsleistung von 30 W; Mittelwertvergleich

AEUM kJ/min	21,8	16,4	17,4
Rang	3	1	2
$\bar{F}_W^G/N$, $\bar{v}^G/(m/s)$, i_v	124,999 0,240 0,256	62,499 0,480 0,512	41,666 0,720 0,768
124,999 0,240 0,256			
62,499 0,480 0,512	24,8		5,7
41,666 0,720 0,768	20,2		

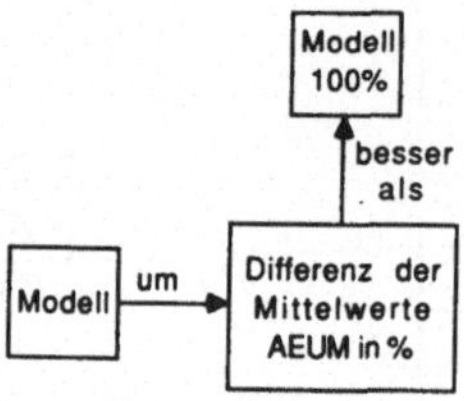

Bild A44: Arbeitsenergieumsatz in Abhängigkeit von der Umfangsgeschwindigkeit am GR bei der Antriebsleistung von 30 W; Mittelwertvergleich

η_N		8,5	11,4	10,7
	%			
	Rang	3	1	2
$\bar{F}_W^G/N$ $\bar{v}^G/(m/s)$ i_v		124,999 0,240 0,256	62,499 0,480 0,512	41,666 0,720 0,768
124,999 0,240 0,256				
62,499 0,480 0,512		34,1		6,5
41,666 0,720 0,768		25,9		

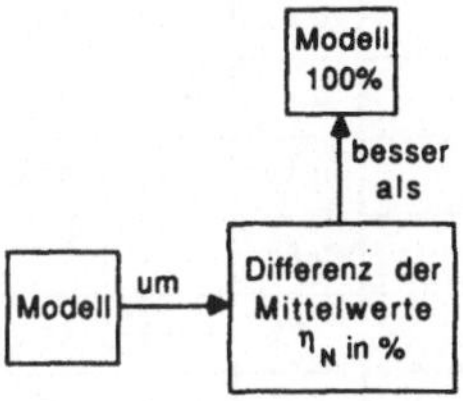

Bild A45: Physiologischer Wirkungsgrad in Abhängigkeit von der Umfangsgeschwindigkeit am GR bei der Antriebsleistung von 30 W; Mittelwertvergleich

Ur- teil		4,6	3,2	2,4
	Stufe			
	Rang	3	2	1
$\bar{F}_W^G/N$ $\bar{v}^G/(m/s)$ i_v		124,999 0,240 0,256	62,499 0,480 0,512	41,666 0,720 0,768
124,999 0,240 0,256				
62,499 0,480 0,512		1,4		
41,666 0,720 0,768		2,2	0,8	

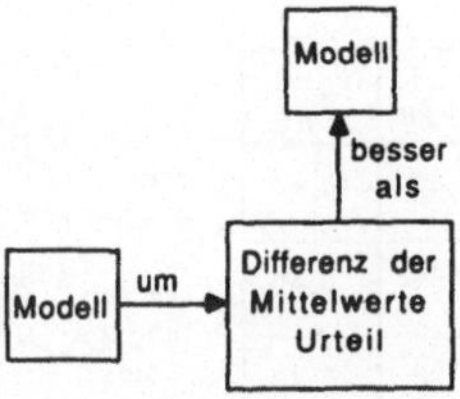

Bild A46: Subjektives Urteil in Abhängigkeit von der Umfangsgeschwindigkeit am GR bei der Antriebsleistung von 30 W; Mittelwertvergleich

$\bar{F}_W^G$ /N $\bar{v}^G$ /(m/s) i_v	124,999 0,240 0,256	62,499 0,480 0,512	41,666 0,720 0,768
Be-urtei-lungsgröße			
L_H — Hublänge in m	0,60	0,87	1,10
L_{KH} — Krafthublänge in m	0,41	0,40	0,41
L_{LH} — Leerhublänge in m	0,19	0,47	0,69
R_{KH} — Relative Länge des Krafthubes	0,68	0,46	0,37
$M_{A,MAX}$ — Maximales Antriebsmoment in Nm	78,6	50,0	41,5
$\bar{M}_{A,KH}$ — Mittleres Antriebsmoment im Krafthub in Nm	49,3	35,0	28,6
$\bar{M}_A$ — Mittleres Antriebsmoment im Hub in Nm	33,5	16,0	10,7
$R_{A,MAX}$ — Relative Lage des $M_{A,MAX}$	0,52	0,60	0,68
$R_{A,KH}$ — Relative Höhe des $\bar{M}_{A,KH}$	0,63	0,69	0,69
f_H — Hubfrequenz in 1/min	24,8	33,2	40,0
W_H — Arbeit je Hub in J	76,8	53,6	45,3

n : 5

Fahr-situ-ation $\bar{F}_W$: 32,039 N $\bar{v}$: 0,936 m/s $\bar{P}$: 30 W

Gestal-tungspa-rameter $\bar{F}_W^G$: variabel $\bar{v}^G$: variabel i_v : variabel

Bild A47: Mechanische Aktivitätsgrößen in Abhängigkeit von der Umfangsgeschwindigkeit am GR bei der Antriebsleistung von 30 W

r_s	AEUM	Urteil	L_{KH}	$\bar{M}_{A,KH}$	f_H
APFM	0,48 •	0,06	-0,17	0,42 •	-0,48 •
AEUM		0,33	-0,21	0,52 •	-0,45 •
Urteil			-0,10	0,83 •••	-0,75 ••
L_{KH}				-0,22	-0,11
$\bar{M}_{A,KH}$					-0,92 •••

n : 5

Fahr-situ-ation $\bar{F}_W$: 32,039 N $\bar{v}$: 0,936 m/s $\bar{P}$: 30 W

Gestal-tungspa-rameter $\bar{F}_W^G$: 124,0; 62,5; 41,7 N $\bar{v}^G$: 0,24; 0,48; 0,72 m/s i_v : 0,256; 0,512; 0,768

APFM : Arbeitspulsfrequenzmittelwert in 1/min
AEUM : Arbeitsenergieumsatzmittelwert in kJ/min
L_{KH} : Krafthublänge in m
$\bar{M}_{A,KH}$: Mittleres Antriebsmoment im Krafthub in Nm
f_H : Hubfrequenz in 1/min
r_s : Spearman'scher Rangkorrelationskoeffizient

Bild A48: Korrelation zwischen ausgewählten Beurteilungsgrößen bei der Antriebsleistung von 30 W

$\overline{F}_W$/N $\overline{v}$/(m/s) Be- urtei- i_v lungsgröße	24,187 0,826 0,870	8,480 2,358 0,305	Differenz
APFM/(1/min)	35,0	34,2	2,3 %
EPS	72,8	73,6	1,1 %
AEUM/(kJ/min)	11,7	11,5	1,7 %
η_N/(%)	11,2	10,9	2,7 %
Urteil	2,0	2,6	0,6

n : 5

Fahr-situation
$\overline{F}_W$: variabel
$\overline{v}$: variabel
$\overline{P}$: 20 W

Gestaltungsparameter
$\overline{F}_W^G$: 27,777 N
$\overline{v}^G$: 0,720 m/s
i_v : variabel

APFM : Arbeitspulsfrequenzmittelwert
EPS : Erholungspulssumme
AEUM : Arbeitsenergieumsatzmittelwert
η_N : Physiologischer Wirkungsgrad

Bild A49: Beurteilungsgrößen in Abhängigkeit von der Fahrsituation bei der Antriebsleistung von 20 W

$\overline{F}_W$/N $\overline{v}$/(m/s) Be- urtei- i_v lungsgröße	39,889 1,002 0,837	16,333 2,448 0,343	Differenz
APFM/(1/min)	38,0	40,2	5,5 %
EPS	71,4	71,4	0 %
AEUM/(kJ/min)	26,5	27,2	2,6 %
η_N/(%)	9,4	9,3	1 %
Urteil	2,4	3,0	0,6

n : 5

Fahr-situation
$\overline{F}_W$: variabel
$\overline{v}$: variabel
$\overline{P}$: 40 W

Gestaltungsparameter
$\overline{F}_W^G$: 47,619 N
$\overline{v}^G$: 0,840 m/s
i_v : variabel

APFM : Arbeitspulsfrequenzmittelwert
EPS : Erholungspulssumme
AEUM : Arbeitsenergieumsatzmittelwert
η_N : Physiologischer Wirkungsgrad

Bild A50: Beurteilungsgrößen in Abhängigkeit von der Fahrsituation bei der Antriebsleistung von 40 W

Beurteilungsgröße		$\bar{F}_W$/N $\bar{v}$/(m/s) i_v	32,039 0,936 0,359	16,333 1,836 0,598	Differenz %
L_H	Hublänge in m		1,10	1,12	1,8
L_{KH}	Krafthublänge in m		0,41	0,41	0
L_{LH}	Leerhublänge in m		0,69	0,71	2,9
R_{KH}	Relative Länge des Krafthubes		0,37	0,37	0
$M_{A,MAX}$	Maximales Antriebsmoment in Nm		41,5	43,7	5,3
$\bar{M}_{A,KH}$	Mittleres Antriebsmoment im Krafthub in Nm		28,6	30,0	4,9
$\bar{M}_A$	Mittleres Antriebsmoment im Hub in Nm		10,7	10,9	1,9
$R_{A,MAX}$	Relative Lage des $M_{A,MAX}$		0,68	0,67	1,5
$R_{A,KH}$	Relative Höhe des $\bar{M}_{A,KH}$		0,69	0,69	0
f_H	Hubfrequenz in 1/min		40,0	39,3	1,8
W_H	Arbeit je Hub in J		45,3	46,9	3,5

n : 5

Fahrsituation $\bar{F}_W$: variabel $\bar{v}$: variabel $\bar{P}$: 30 W

Gestaltungsparameter $\bar{F}_W^G$: 41,666 N $\bar{v}^G$: 0,720 m/s i_v : variabel

Bild A51: Mechanische Aktivitätsgrößen in Abhängigkeit von der Fahrsituation bei der Antriebsleistung von 30 W

8.3.3   Handseitengestaltung
8.3.3.1   Gestaltungsalternativen

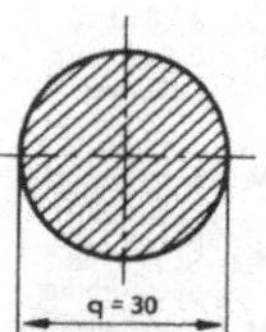

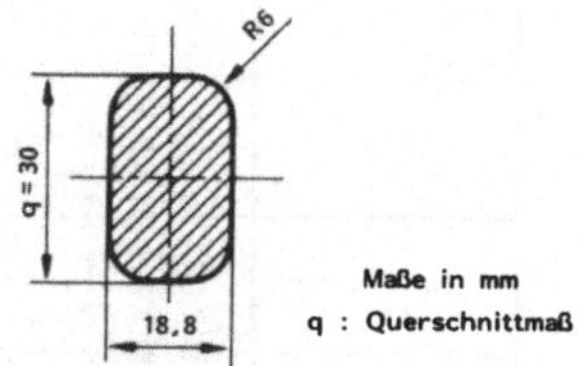

Bild A52: Modellsegmente der Vorversuche; A (Querschnittmaß q: 30 mm)

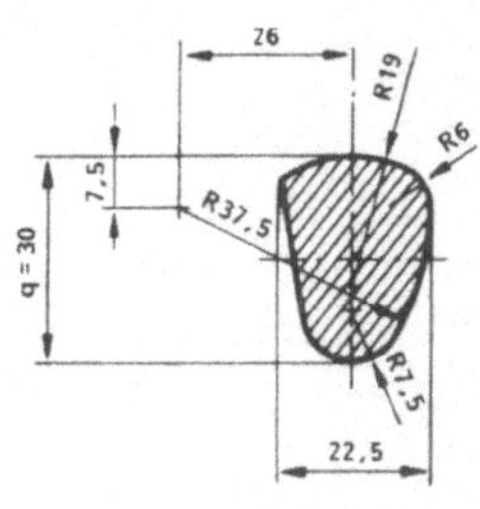
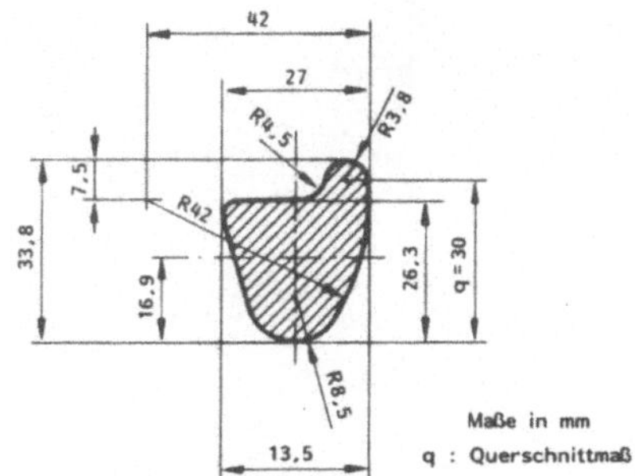

MODELLSEGMENT 3   MODELLSEGMENT 4

Bild A53: Modellsegmente der Vorversuche; B
          (Querschnittmaß q: 30 mm)

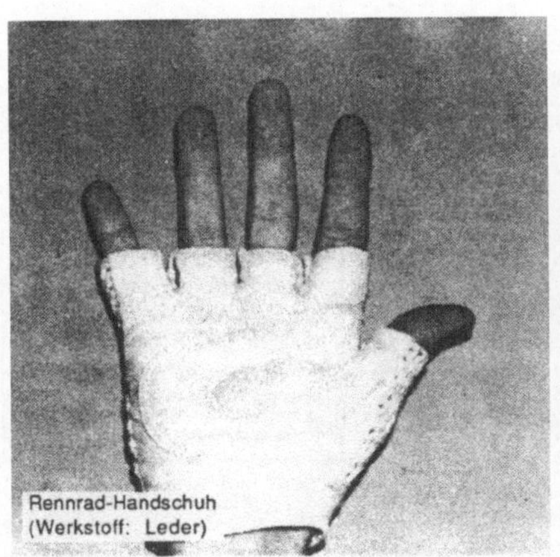

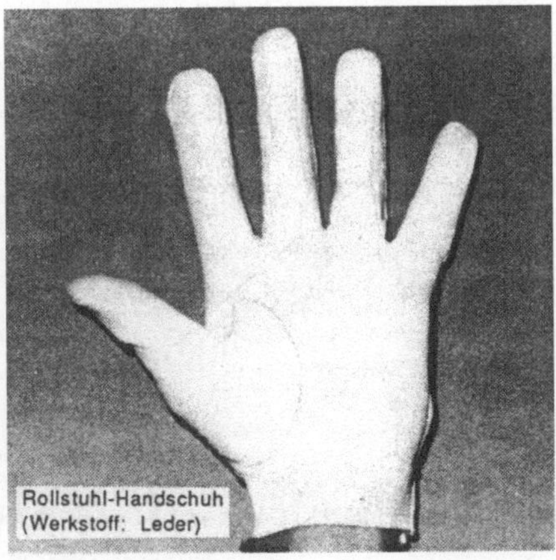

Bild A54: Handschuhtypen bei den Vorversuchen

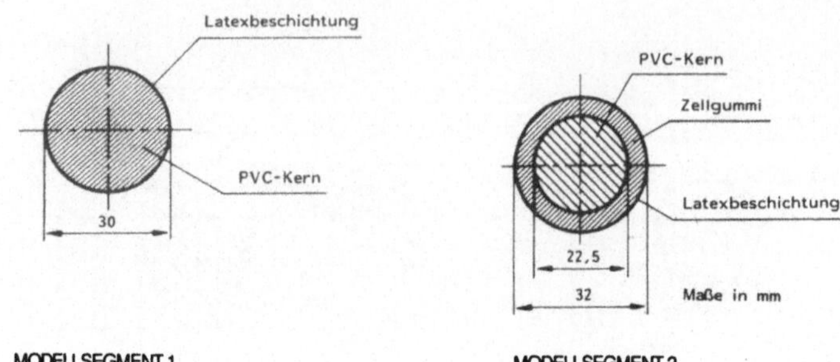

Bild A55: Modellsegmente der Vorversuche; C

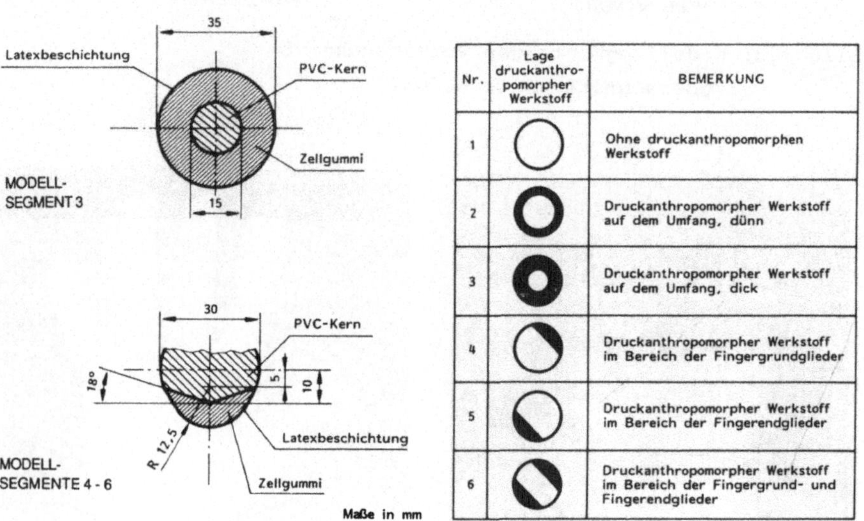

Nr.	Lage druckanthropomorpher Werkstoff	BEMERKUNG
1		Ohne druckanthropomorphen Werkstoff
2		Druckanthropomorpher Werkstoff auf dem Umfang, dünn
3		Druckanthropomorpher Werkstoff auf dem Umfang, dick
4		Druckanthropomorpher Werkstoff im Bereich der Fingergrundglieder
5		Druckanthropomorpher Werkstoff im Bereich der Fingerendglieder
6		Druckanthropomorpher Werkstoff im Bereich der Fingergrund- und Fingerendglieder

Bild A56: Modellsegmente der Vorversuche; D

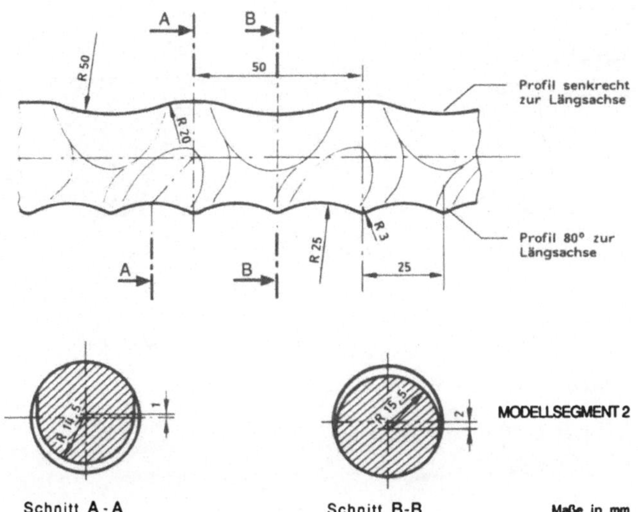

Bild A57: Modellsegmente der Vorversuche; E
(Profilabmessung: groß)

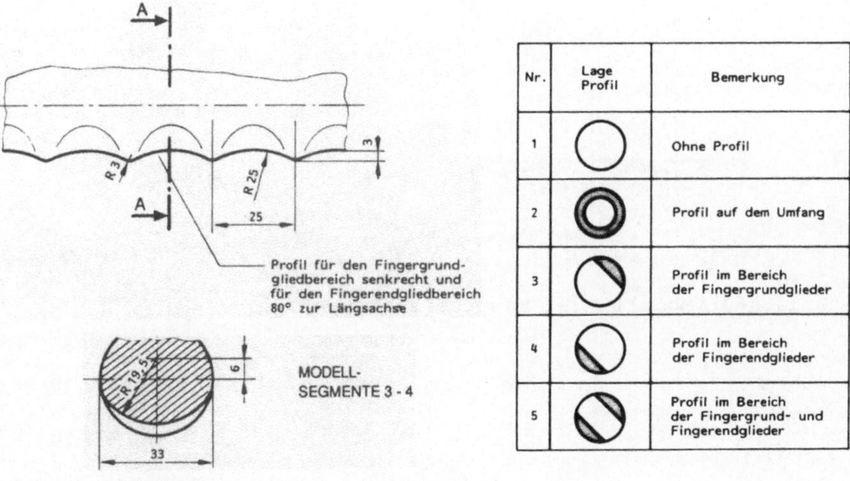

Nr.	Lage Profil	Bemerkung
1		Ohne Profil
2		Profil auf dem Umfang
3		Profil im Bereich der Fingergrundglieder
4		Profil im Bereich der Fingerendglieder
5		Profil im Bereich der Fingergrund- und Fingerendglieder

Bild A58: Modellsegmente der Vorversuche; F
(Profilabmessung: groß)

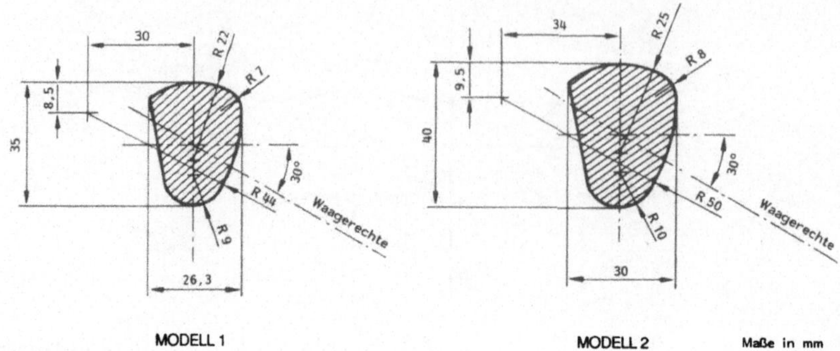

Bild A59: Modelle des Hauptversuchs; A

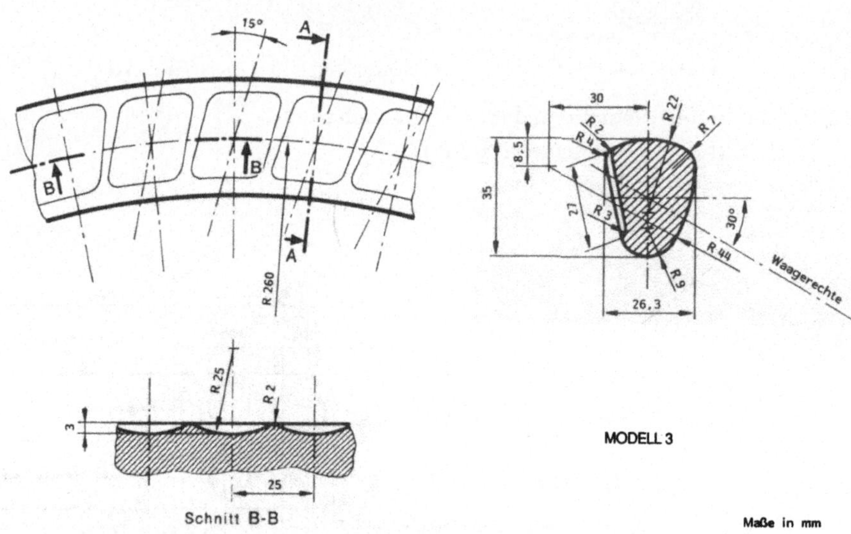

Bild A60: Modelle des Hauptversuchs; B

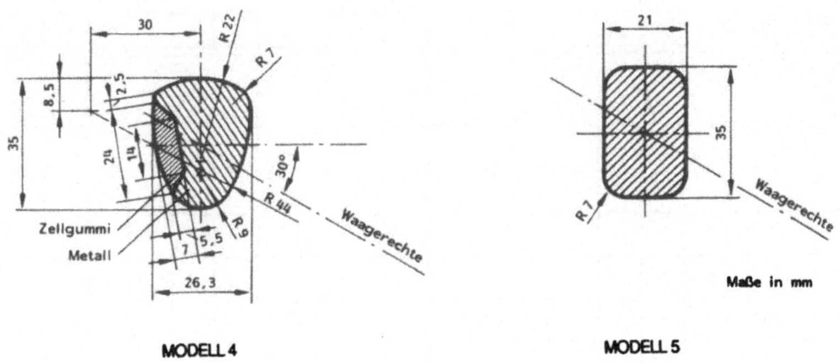

Bild A61: Modelle des Hauptversuchs; C

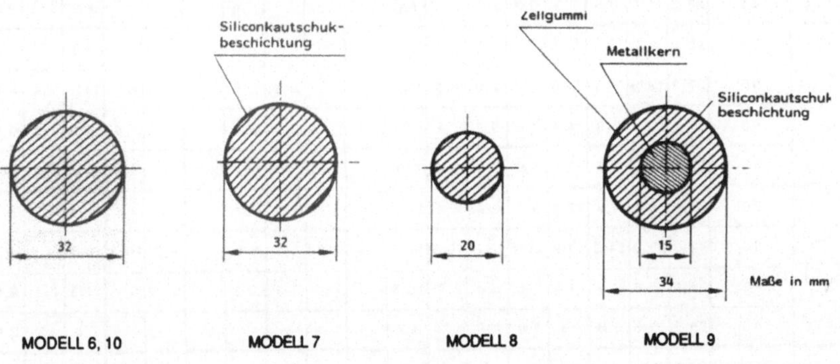

Bild A62: Modelle des Hauptversuchs; D

8.3.3.2 Versuchsergebnisse zur Gestaltung der Greifreifenhand-seite

Maximalkraft

		Querschnittform (○)							Querschnittform (▢)				Querschnittform (◁)				Querschnittform (irregular)			
N		57,2	66,0	73,0	68,4	72,9	72,0	73,4	69,0	78,5	78,6	75,8	76,6	81,2	78,3	73,6	68,4	73,1	71,5	72,8
Rang		19	18	10	16	11	13	8	15	3	2	6	5	1	4	7	16	9	14	12
Querschnittform	q/mm	15	20	25	30	35	40	45	30	35	40	45	30	35	40	45	30	35	40	45
○ (1)	15																			
	20	15,4																		
	25	27,6	10,6		6,7	0,1	1,4		5,8								6,7		2,1	0,3
	30	19,6	3,6																	
	35	27,4	10,5		6,6		1,3		5,7								6,6		2,0	0,1
	40	25,9	9,1		5,3				4,3								5,3		0,7	
	45	28,3	11,2	0,5	7,3	0,7	1,9		6,4								7,3	0,4	2,7	0,8
▢ (2)	30	20,6	4,5		0,9												0,9			
	35	37,2	18,9	7,5	14,8	7,7	9,0	6,9	13,8			3,6	2,5		0,3	6,7	14,8	7,4	9,8	7,8
	40	37,4	19,1	7,8	14,9	7,8	9,2	7,1	13,9	0,1		3,7	2,6		0,4	6,8	14,9	7,5	9,9	8,0
	45	32,5	14,8	3,8	10,8	4,0	5,3	3,3	9,9							3,0	10,8	3,7	6,0	4,1
◁ (3)	30	33,9	16,1	4,9	12,0	5,1	6,4	4,4	11,0			1,1				4,1	12,0	4,8	7,1	5,2
	35	42,0	23,0	11,2	18,7	11,4	12,8	10,6	17,7	3,4	3,3	7,1	6,0		3,7	10,3	18,7	11,1	13,6	11,5
	40	36,9	18,6	7,3	14,5	7,4	8,8	6,7	13,5			3,3	2,2			6,4	14,5	7,1	9,5	7,6
	45	28,7	11,5	0,8	7,6	1,0	2,2	0,3	6,7								7,6	0,7	2,9	1,1
(4)	30	19,6	3,6																	
	35	27,8	10,8	0,1	6,9	0,3	1,5		5,9								6,9		2,2	0,4
	40	25,0	8,3		4,5				3,6								4,5			
	45	27,3	10,3		6,4		1,1		5,5								6,4		1,8	

Bild A63: Maximalkraft in Abhängigkeit von der Querschnittform und -abmessung; Mittelwertvergleich

Urteil	q/mm	15	20	25	30	35	40	45	30	35	40	45	30	35	40	45	30	35	40	45
	Stufe	3,9	2,9	2,2	2,4	2,5	2,8	3,3	2,5	2,2	2,7	3,5	1,9	1,9	2,3	2,7	3,5	3,5	3,5	3,9
	Rang	18	12	3	6	7	11	13	7	3	9	14	1	1	5	9	14	14	14	18
◯ (1)	15																			
	20	1,0						0,4				0,6					0,6	0,6	0,6	1,0
	25	1,7	0,7		0,2	0,3	0,6	1,1	0,3		0,5	1,3			0,1	0,5	1,3	1,3	1,3	1,7
	30	1,5	0,5			0,1	0,4	0,9	0,1		0,3	1,1				0,3	1,1	1,1	1,1	1,5
	35	1,4	0,4				0,3	0,8			0,2	1,0				0,2	1,0	1,0	1,0	1,4
	40	1,1	0,1					0,5				0,7					0,7	0,7	0,7	1,1
	45	0,6										0,2					0,2	0,2	0,2	0,6
▢ (2)	30	1,4	0,4				0,3	0,8			0,2	1,0				0,2	1,0	1,0	1,0	1,4
	35	1,7	0,7		0,2	0,3	0,6	1,1	0,3		0,5	1,3			0,1	0,5	1,3	1,3	1,3	1,7
	40	1,2	0,2				0,1	0,6				0,8					0,8	0,8	0,8	1,2
	45	0,4																		0,4
◺ (3)	30	2,0	1,0	0,3	0,5	0,6	0,9	1,4	0,6	0,3	0,8	0,6			0,4	0,8	1,6	1,6	1,6	2,0
	35	2,0	1,0	0,3	0,5	0,6	0,9	1,4	0,6	0,3	0,8	0,6			0,4	0,8	1,6	1,6	1,6	2,0
	40	1,6	0,6		0,1	0,2	0,5	1,0	0,2		0,4	1,2				0,4	1,2	1,2	1,2	1,6
	45	1,2	0,2				0,1	0,6				0,8					0,8	0,8	0,8	12
◖ (4)	30	0,4																		0,4
	35	0,4																		0,4
	40	0,4																		0,4
	45																			

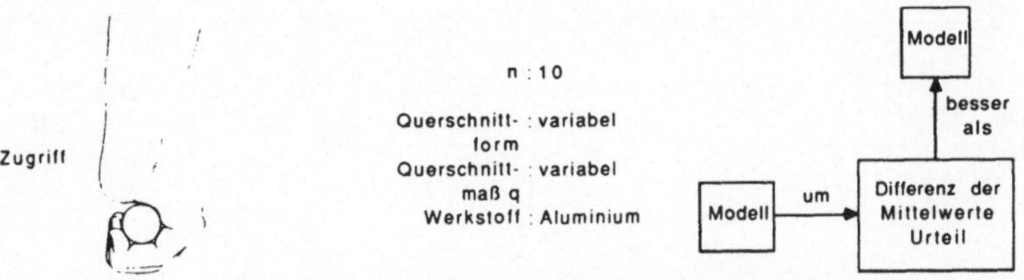

Bild A64: Subjektives Urteil in Abhängigkeit von der Querschnittform und -abmessung; Mittelwertvergleich

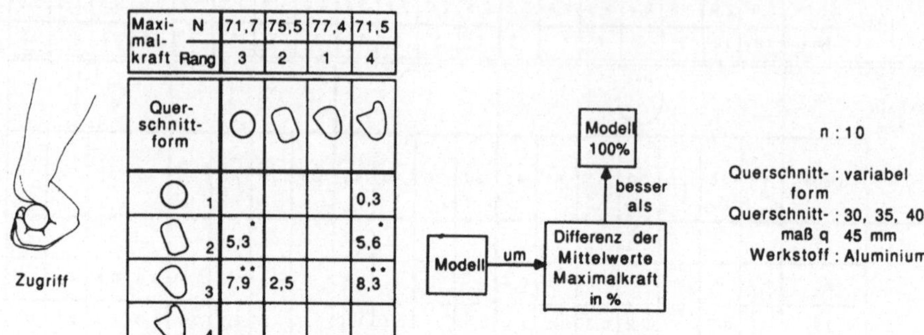

Maxi-mal-kraft	N	71,7	75,5	77,4	71,5
	Rang	3	2	1	4
Quer-schnitt-form		◯	▢	◸	◿
◯	1				0,3
▢	2	5,3*			5,6*
◸	3	7,9**	2,5		8,3**
◿	4				

Bild A65: Maximalkraft in Abhängigkeit von der Querschnittform; Mittelwertvergleich

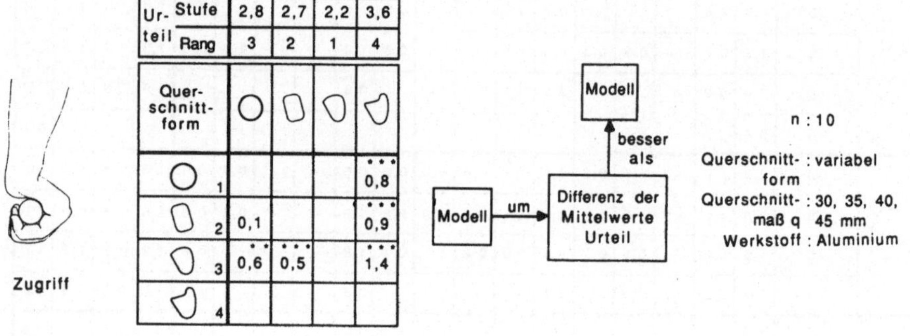

Ur-teil	Stufe	2,8	2,7	2,2	3,6
	Rang	3	2	1	4
Quer-schnitt-form		◯	▢	◸	◿
◯	1				0,8***
▢	2	0,1			0,9***
◸	3	0,6***	0,5***		1,4***
◿	4				

Bild A66: Subjektives Urteil in Abhängigkeit von der Querschnittform; Mittelwertvergleich

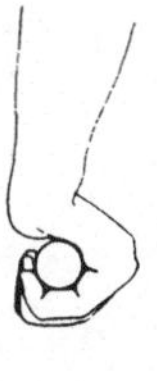

Segmentstellung / Querschnittform	vorn	oben	hinten
1	72,5	68,4	77,8
2	70,5	69,0	75,5
3	74,2	76,6	82,1
4	70,8	68,4	69,3
alle Formen	72,0	70,6	76,2

Zugriff

Mittelwert Maximalkraft in N

n : 10

Querschnittform : variabel
Querschnittmaß q : 30 mm
Werkstoff : Aluminium
Segmentschwenkung : 20°
Segmentstellung : variabel

Bild A67: Maximalkraft in Abhängigkeit von der Segmentstellung

Segmentschwenkung in (°) / Querschnittform	0	20	Differenz in %
1	73,0	68,4	6,7
2	68,9	69,0	0,1
3	75,4	76,6	1,6
4	69,9	68,4	2,2
alle Formen	71,8	70,6	1,7

Zugriff

Mittelwert Maximalkraft in N

n : 10

Querschnittform : variabel
Querschnittmaß q : 30 mm
Werkstoff : Aluminium
Segmentschwenkung : variabel
Segmentstellung : oben

Bild A68: Maximalkraft in Abhängigkeit von der Segmentschwenkung

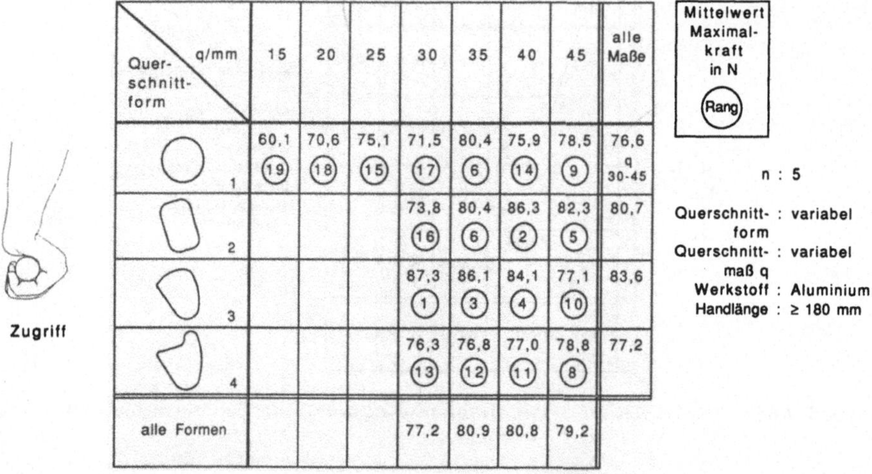

Querschnittform \ q/mm	15	20	25	30	35	40	45	alle Maße
1 (◯)	54,3 (19)	61,5 (17)	70,8 (5)	65,4 (14)	65,3 (15)	68,2 (10)	68,3 (9)	66,8 q 30-45
2				64,1 (16)	76,6 (1)	70,9 (4)	69,3 (7)	70,2
3				65,9 (13)	76,3 (2)	72,6 (3)	70,1 (6)	71,2
4				60,5 (18)	69,3 (7)	66,1 (12)	66,8 (11)	65,7
alle Formen				64,0	71,9	69,5	68,6	

Mittelwert Maximalkraft in N (Rang)

n : 5
Querschnittform : variabel
Querschnittmaß q : variabel
Werkstoff : Aluminium
Handlänge : < 180 mm

Bild A69: Maximalkraft in Abhängigkeit von der Querschnittform und -abmessung bei kleiner Handlänge

Querschnittform \ q/mm	15	20	25	30	35	40	45	alle Maße
1 (◯)	60,1 (19)	70,6 (18)	75,1 (15)	71,5 (17)	80,4 (6)	75,9 (14)	78,5 (9)	76,6 q 30-45
2				73,8 (16)	80,4 (6)	86,3 (2)	82,3 (5)	80,7
3				87,3 (1)	86,1 (3)	84,1 (4)	77,1 (10)	83,6
4				76,3 (13)	76,8 (12)	77,0 (11)	78,8 (8)	77,2
alle Formen				77,2	80,9	80,8	79,2	

Mittelwert Maximalkraft in N (Rang)

n : 5
Querschnittform : variabel
Querschnittmaß q : variabel
Werkstoff : Aluminium
Handlänge : ≥ 180 mm

Bild A70: Maximalkraft in Abhängigkeit von der Querschnittform und -abmessung bei großer Handlänge

Querschnittform \ q/mm	15	20	25	30	35	40	45	alle Maße
1 (○)	4,0 (13)	3,0 (9)	2,0 (3)	2,2 (4)	2,6 (8)	3,0 (9)	4,0 (13)	3,0 q 30-45
2				2,4 (6)	2,4 (6)	3,2 (12)	4,2 (16)	3,1
3				1,8 (1)	1,8 (1)	2,2 (4)	3,0 (9)	2,2
4				4,2 (16)	4,0 (13)	4,2 (16)	4,2 (16)	4,2
alle Formen				2,7	2,7	3,2	3,9	

Zugriff

Bild A71: Subjektives Urteil in Abhängigkeit von der Querschnittform und -abmessung bei kleiner Handlänge

Querschnittform \ q/mm	15	20	25	30	35	40	45	alle Maße
1 (○)	3,8 (19)	2,8 (13)	2,4 (5)	2,6 (9)	2,4 (5)	2,6 (9)	2,6 (9)	2,6 q 30-45
2				2,6 (9)	2,0 (1)	2,2 (4)	2,8 (13)	2,4
3				2,0 (1)	2,0 (1)	2,4 (5)	2,4 (5)	2,2
4				2,8 (13)	3,0 (17)	2,8 (13)	3,6 (18)	3,1
alle Formen				2,5	2,4	2,5	2,9	

Zugriff

Bild A72: Subjektives Urteil in Abhängigkeit von der Querschnittform und -abmessung bei großer Handlänge

- 206 -

Umgebungs-einfluß	Handschuh / Werkstoff	ohne Handschuh	Renn-rad-Handschuh	Rollstuhl-Handschuh	Rollstuhl-Handschuh, gepolstert	alle Handschuhe
trocken	Aluminium	2,6	3,1	2,7	3,5	3,1
trocken	Polyoxymethylen	3,1	3,3	3,2	3,3	3,3
trocken	Latex	2,5	2,3	1,9	2,8	2,3
trocken	alle Werkstoffe	2,7	2,9	2,6	3,2	2,9
naß	Aluminium	3,5	2,9	2,7		2,8
naß	Polyoxymethylen	3,2	2,7	2,4		2,6
naß	Latex	3,2	2,7	1,9		2,3
naß	alle Werkstoffe	3,3	2,8	2,3		2,6
alle Umgebungseinflüsse	Aluminium	3,1	3,0	2,7		3,0
alle Umgebungseinflüsse	Polyoxymethylen	3,2	3,0	2,8		3,0
alle Umgebungseinflüsse	Latex	2,9	2,5	1,9		2,3
alle Umgebungseinflüsse	alle Werkstoffe	3,1	2,8	2,5		2,8

Mittelwert Urteil

n : 10

Querschnitt-form : ◯
Querschnitt-durchmesser : 30 mm
Werkstoff : variabel
Handschuh : variabel
Umgebungs-einfluß : variabel

Bild A73: Subjektives Urteil in Abhängigkeit von der Handschuh-gestaltung, dem Werkstoff und dem Umgebungseinfluß

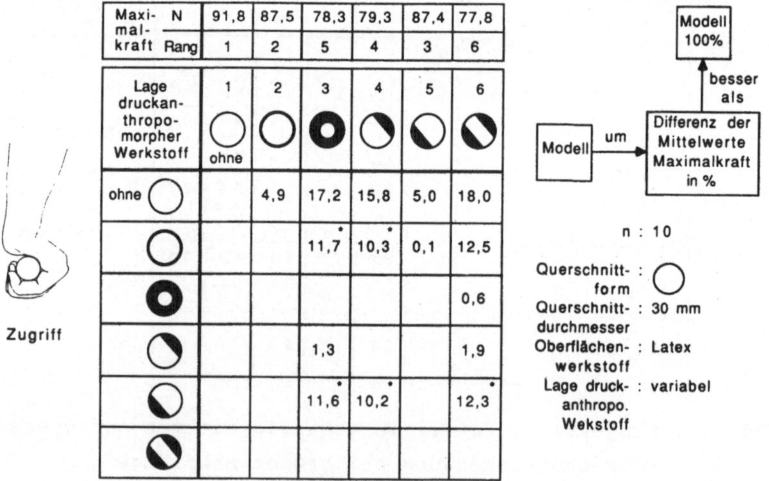

Bild A74: Maximalkraft bei der Verwendung druckanthropomorphen Werkstoffs; Mittelwertvergleich

Maximalkraft			69,4	74,2	73,9	78,5	75,1	81,7	73,8	80,7	79,9
	N										
	Rang		9	6	7	4	5	1	8	2	3
Lage und Abmessung des Profils			Abmessung: klein					Abmessung: groß			
			1 (ohne)	2	3	4	5	2	3	4	5
Abmessung: klein	ohne										
	(2)		6,9		0,4				0,5		
	(3)		6,5						0,1		
	(4)		13,1	5,8	6,2		4,5		6,4		
	(5)		8,2	1,2	1,6				1,8		
Abmessung: groß	(2)		17,7*	10,1**	10,6*	4,1	8,8**		10,7**	1,2	2,3
	(3)		6,3								
	(4)		16,3*	8,8*	9,2	2,8	7,5		9,3		1,0
	(5)		15,1	7,7	8,1	1,8	6,4		8,3*		

Bild A75: Maximalkraft bei der Verwendung eines Profils; Mittelwertvergleich

Modell 100%

besser als

Modell — um — Differenz der Mittelwerte Maximalkraft in %

n : 10

Querschnittform : ○
Querschnittdurchmesser : 30 mm
Werkstoff : Polyoxymethylen
Lage Profil : variabel
Profilabmessung : variabel

| Urteil Antreiben | Stufe | 2,0 | 2,3 | 2,7 | 2,3 | 2,7 | 2,3 | 1,9 | 3,6 | 1,4 | 2,5 |
| | Rang | 3 | 4 | 8 | 4 | 8 | 4 | 2 | 10 | 1 | 7 |
Modell		1	2	3	4	5	6	7	8	9	10
⬭	1		0,3	0,7**	0,3	0,7**	0,3		1,6**		0,5
⬭	2			0,4		0,4			1,3*		0,2
⬭	3								0,9*		
⬭	4			0,4		0,4**			1,3**		0,2
⬭	5								0,9*		
◯	6			0,4		0,4*			1,3**		0,2
◯	7	0,1	0,4	0,8*	0,4*	0,8**	0,4*		1,7**		0,6*
◯	8										
●	9	0,6*	0,9*	1,3**	0,9**	1,3**	0,9**	0,5**	2,2**		1,1**
◯	10			0,2		0,2			1,1*		

Bild A76: Subjektives Urteil in Abhängigkeit von der Handseitengestaltung am GR bei der Antriebsaufgabe; Mittelwertvergleich

Urteil Bremsen	Stufe	2,3	2,2	3,4	3,6	2,7	2,0	4,5	3,9	4,3	1,7
	Rang	4	3	6	7	5	2	10	8	9	1
	Modell	1	2	3	4	5	6	7	8	9	10
	1			1,1	1,3	0,4		2,2	1,6	2,0	
	2	0,1		1,2	1,4	0,5		2,3	1,7	2,1	
	3				0,2			1,1	0,5	0,9	
	4							0,9	0,3	0,7	
	5			0,7	0,9			1,8	1,2	1,6	
	6	0,3	0,2	1,4	1,6	0,7		2,5	1,9	2,3	
	7										
	8							0,6		0,4	
	9							0,2			
	10	0,6	0,5	1,7	1,9	1,0	0,3	2,8	2,2	2,6	

Zugriff

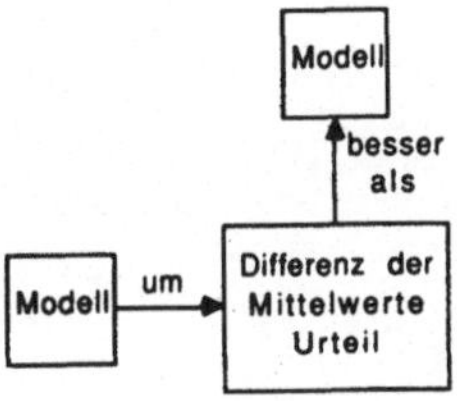

Modell um → Differenz der Mittelwerte Urteil

Modell besser als

n : 10

Bild A77: Subjektives Urteil in Abhängigkeit von der Handseitengestaltung am GR bei der Bremsaufgabe; Mittelwertvergleich

Urteil Manövrieren	Stufe	2,1	2,3	2,8	2,2	2,3	2,2	2,9	3,3	2,4	2,2
	Rang	1	5	8	2	5	2	9	10	7	2
Modell		1	2	3	4	5	6	7	8	9	10
⬯	1		0,2	0,7	0,1	0,2	0,1	0,8*	1,2**	0,3	0,1
⬯	2			0,5				0,6	1,0		
⬯	3							0,1	0,5		
⬯	4		0,1	0,6		0,1		0,7*	1,1*	0,2	
▭	5			0,5				0,6	1,0*		
◯	6		0,1	0,6		0,1		0,7	1,1**	0,2	
◯	7								0,4		
○	8										
◉	9			0,4				0,5	0,9		
◯	10		0,1	0,6		0,1		0,7	1,1*	0,2	

Zugriff

Modell besser als Modell um Differenz der Mittelwerte Urteil

n : 10

Bild A78: Subjektives Urteil in Abhängigkeit von der Handseitengestaltung am GR bei der Manövrieraufgabe;
Mittelwertvergleich

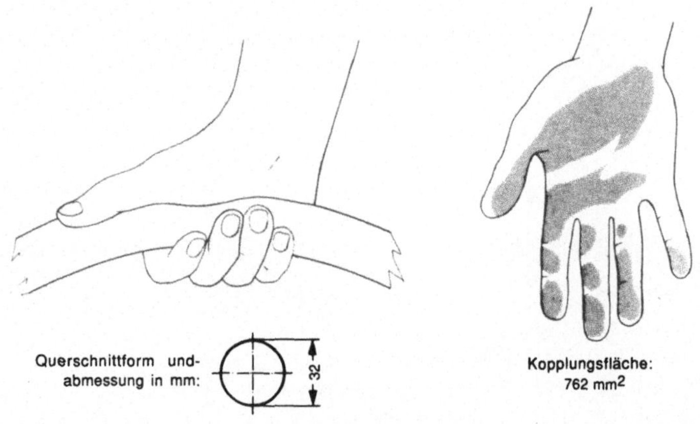

Bild A79: Hand-GR-Kopplung und Kopplungsbereich der Innenhand im
GR-Scheitelpunkt beim Antreiben; Modell 6

IPA Forschung und Praxis

Schriftenreihe aus dem Institut für Produktionstechnik und Automatisierung, Stuttgart

Herausgeber: Prof. Dr.-Ing. H. J. Warnecke

Datenerfassung im Produktionsbereich
Von E. Bendeich. ISBN 3-7830-0117-8.
1977, 176 Seiten, kartoniert.   54,— DM

Methodenauswahl für die Materialbewirtschaftung in Maschinenbau-Betrieben
Von H. Graf. ISBN 3-7830-0136-6.
1977, 144 Seiten, kartoniert.   54,— DM

Systematische Auswahl von Förderhilfsmitteln für den innerbetrieblichen Materialfluß
Von W. Rau. ISBN 3-7830-0139-0.
1977, 103 Seiten, kartoniert.   40,— DM

Grundlagen zur Planung von Ersatzteilfertigungen
Von E. Schulz. ISBN 3-7830-0138-2.
1977, 98 Seiten, kartoniert.   40,— DM

Rechnerunterstützte Fabrikplanung
Von B. Minten. ISBN 3-7830-0116-1.
1977, 124 Seiten, kartoniert.   38,— DM

Eine Planungsmethode für automatische Montagesysteme
Von H.-G. Löhr. ISBN 3-7830-0120-X.
1977, 108 Seiten, kartoniert.   32,— DM

Planung und Bewertung von Arbeitssystemen in der Montage
Von H. Metzger. ISBN 3-7830-0131-5.
1977, 108 Seiten, kartoniert.   40,— DM

Klassifizierungssystem für Prüfmittel der industriellen Längenprüftechnik
Von R. Czetto. ISBN 3-7830-0144-7.
1978, 181 Seiten, kartoniert.   64,— DM

Rechnerunterstützte Montageplanung
Von O. Hirschbach. ISBN 3-7830-0149-8.
1978, 146 Seiten, kartoniert.   52,— DM

Rechnerunterstützte Entwicklung von Simulationsmodellen für Unternehmensplanspiele
Von A. Moker. ISBN 3-7830-0147-1.
1978, 181 Seiten, kartoniert.   64,— DM

Arbeitsplatzanalysen zur Ermittlung der Einsatzmöglichkeiten und Anforderungen an Industrieroboter
Von G. Herrmann. ISBN 37830-0151-X.
1978, 113 Seiten, kartoniert.   40,— DM

MFSP — Ein Verfahren zur Simulation komplexer Materialflußsysteme
Von G. Stemmer. ISBN 3-7830-0118-8.
1977, 140 Seiten, kartoniert.   60,— DM

Berührungslose Erkennung durch Positionsbestimmung von Objekten durch inkohärent-optische Korrelation
Von M. König. ISBN 3-7830-0137-4.
1977, 110 Seiten, kartoniert.   40,— DM

Auslegung von Störungspuffern in kapitalintensiven Fertigungslinien
Von R. v. Stetten. ISBN 3-7830-0140-4.
1977, 154 Seiten, kartoniert.   56,— DM

Flexible Transportablaufsteuerung
Von G. Römer. ISBN 3-7830-0114-5.
1977, 188 Seiten, kartoniert.   60,— DM

Rechnergestützte Realplanung von Fabrikanlagen
Von T.-K. Sauter. ISBN 3-7830-0119-6.
1977, 108 Seiten, kartoniert.   32,— DM

Systematisches Auswählen und Konzipieren von programmierbaren Handhabungsgeräten
Von R. D. Schraft. ISBN 3-7830-0115-3.
1977, 108 Seiten, kartoniert.   32,— DM

Auslandsproduktion
Von W. Cypris. ISBN 3-7830-0145-5.
1978, 126 Seiten, kartoniert.   42,— DM

Wirtschaftlicher Einsatz von Mehrkoordinatenmeßgeräten
Von M. Dietzsch. ISBN 3-7830-0148-X.
1978, 142 Seiten, kartoniert.   52,— DM

Fertigungssteuerung bei flexiblen Arbeitsstrukturen
Von K.-G. Lederer. ISBN 3-7830-0146-3.
1978, 128 Seiten, kartoniert.   42,— DM

Untersuchungen zum Polieren und Entgraten durch elektrochemisches Oberflächenabtragen
Von K. Zerweck. ISBN 3-7830-0150-1.
1978, 110 Seiten, kartoniert.   40,— DM

Stufenweise Ableitung eines praktischen Planungssystems für den Entwicklungsbereich
Von R. Hichert. ISBN 3-7830-0149-8.
1978, 151 Seiten, kartoniert. — 52,— DM

Produktionsplanung mit Auftragsfamilien
Von U. W. Geitner. ISBN 3-7830-0161.7.
1979, 110 Seiten, kartoniert. — 45,— DM

Thermisch-chemisches Entgraten
Von T. Wagner. ISBN 3-7830-0164-1.
1979, 111 Seiten, kartoniert. — 45,— DM

Untersuchung der Materialflußkosten bei ausgewählten Systemen der Zentralen Arbeitsverteilung
Von R. Wenzel. ISBN 3-7830-0162-5.
1979, 168 Seiten, kartoniert. — 86,— DM

Anpassung und Einführung eines Planungssystems für die Ablaufplanung im Konstruktionsbereich
Von W. Dangelmaier. ISBN 3-7830-0163-3.
1979, 168 Seiten, kartoniert. — 80,— DM

Längenmessungen an bewegten Teilen mit berührungslos wirkenden Aufnehmern
Von H. Lang. ISBN 3-7830-0157-9.
1979, 89 Seiten, kartoniert. — 42,— DM

Untersuchung multistabiler Strömungselemente und ihr Einsatz in sequentiellen Steuerungen
Von A. Ernst. ISBN 3-7830-0157-9.
1979, 122 Seiten, kartoniert. — 48,— DM

Taktile Sensoren für programmierbare Handhabungsgeräte
Von M. Schweizer. ISBN 3-7830-0158-7.
1979, 91 Seiten, kartoniert. — 42,— DM

Die rechnerunterstützte Prüfplanung
Von P. Bläsing. ISBN 3-7830-0152-8.
1979, 100 Seiten, kartoniert. — 44,— DM

Verfahren zur Fabrikplanung im Mensch-Rechner-Dialog am Bildschirm
Von W. Ernst. ISBN 3-7830-0156-0.
1979, 218 Seiten, kartoniert. — 72,— DM

Rechnerunterstütztes Verfahren zur Leistungsabstimmung von Mehrmodell-Montagesystemen
Von M. Görke. ISBN 3-7830-0155-2.
1979, 139 Seiten, kartoniert. — 50,— DM

Standortbezogene Betriebsmittel
Von G. Pflieger. ISBN 3-7830-0167-6.
1979, 127 Seiten, kartoniert. — 52,— DM

Die betriebswirtschaftliche Beurteilung neuer Arbeitsformen
Von B.-H. Zippe. ISBN 3-7830-0168-4.
1979, 350 Seiten, kartoniert. — 98,— DM

Untersuchung des Arbeitsverhaltens programmierbarer Handhabungsgeräte
Von B. Brodbeck. ISBN 3-7830-0169-2.
1979, 117 Seiten, kartoniert. — 48,— DM

Untersuchung eines kohärent-optischen Verfahrens zur Rauheitsmessung
Von N. Rau. ISBN 3-7830-0174-9.
1979, 117 Seiten, kartoniert. — 48,— DM

Entwicklung einer programmierbaren, pneumatischen Steuerung
Von D. Klemenz. ISBN 3-7830-0171-4.
1979, 93 Seiten, kartoniert. — 42,— DM

IPA Forschung und Praxis

Berichte aus dem Fraunhofer-Institut für Produktionstechnik und Automatisierung, Stuttgart, und dem Institut für Industrielle Fertigung und Fabrikbetrieb der Universität Stuttgart

Herausgeber: Prof. Dr.-Ing. H. J. Warnecke

38 **Arbeitsgangterminierung mit variabel strukturierten Arbeitsplänen — Ein Beitrag zur Fertigungssteuerung flexibler Fertigungssysteme**
Von U. Maier. ISBN 3-540-10213-2.
1980, 111 Seiten mit 45 Abbildungen. — 43.— DM

39 **Kapazitätsabgleich bei flexiblen Fertigungssystemen**
Von P. S. Nieß. ISBN 3-540-10372-4.
1980, 151 Seiten mit 57 Abbildungen. — 48.— DM

40 **Schichtdickenverteilung auf galvanisierten Paßteilen am Beispiel kleiner abgesetzter Wellen und Bohrungen**
Von D. Wolfhard. ISBN 3-540-10373-2.
1980, 177 Seiten mit 83 Abbildungen. — 48.— DM

41 **Planung von Mehrstellenarbeit unter Berücksichtigung von Umfeldaufgaben**
Von S. Häußermann. ISBN 3-540-10374-0.
1980, 136 Seiten mit 59 Abbildungen. — 48.— DM

42 **Untersuchungen zur Schmierfilmdicke in Druckluftzylindern — Beurteilung der Abstreifwirkung und des Reibungsverhaltens von Pneumatikdichtungen mit Hilfe eines neu entwickelten Schmierfilmdickenmeßverfahrens**
Von R. Köhnlechner. ISBN 3-540-10375-9.
1980, 100 Seiten mit 38 Abbildungen und 4 Tabellen. — 43.— DM

43 **Typologie zum überbetrieblichen Vergleich von Fertigungssteuerungsverfahren im Maschinenbau**
Von G. Rabus. ISBN 3-540-10376-7.
1980, 174 Seiten mit 88 Abbildungen und 21 Tafeln. — 48.— DM

44 **System zur Planung des Umlaufbestandes in Betrieben mit Serienfertigung**
Von K.-G. Wilhelm. ISBN 3-540-10377-5.
1980, 142 Seiten mit 67 Abbildungen und 15 Tafeln. — 48.— DM

45 **Rechnerunterstützte Arbeitsplanerstellung mit Kleinrechnern, dargestellt am Beispiel der Blechbearbeitung**
Von W. Hoheisel. ISBN 3-540-10505-0.
1981, 169 Seiten mit 74 Abbildungen. — 48.— DM

46 **Beitrag zur Verbesserung der Wirtschaftlichkeit EDV-unterstützter Fertigungssteuerungssysteme durch Schwachstellenanalyse**
Von J. Lienert. ISBN 3-540-10506-9.
1981, 148 Seiten mit 37 Abbildungen. — 48.— DM

47 **Die Abscheidung von Öl an Entlüftungsöffnungen drucklufttechnischer Anlagen**
Von W.-D. Kiessling. ISBN 3-540-10604-9.
1981, 117 Seiten mit 48 Abbildungen und 3 Tabellen. — 43.— DM

48 **Dynamische Optimierung technisch-ökonomischer Systeme**
Von J. Warschat. ISBN 3-540-10717-7.
1981, 132 Seiten mit 60 Abbildungen. — 43.— DM

49 **Bildsensor zur Mustererkennung und Positionsmessung bei programmierbaren Handhabungsgeräten**
Von H. Geißelmann. ISBN 3-540-10735-5.
1981, 125 Seiten mit 52 Abbildungen. — 43.— DM

50 **Verfügbarkeitsberechnung für komplexe Fertigungseinrichtungen**
Von Ekkehard Gericke. ISBN 3-540-10779-7.
1981, 132 Seiten mit 71 Abbildungen. — 43.— DM

51 **Materialflußgestaltung in Fertigungssystemen**
Von Willi Rößner. ISBN 3-540-10888-2.
1981, 149 Seiten mit 76 Abbildungen. — 48,— DM

52 **Beitrag zur Analyse der Auswirkungen der Mikroelektronik, dargestellt am Beispiel der Büromaschinen-Industrie**
Von Werner Neubauer. ISBN 3-540-10991-9.
1981, 145 Seiten mit 27 Abbildungen und 47 Tabellen. — 43,— DM

53 **Modelle von Informationssystemen zur kurzfristigen Fertigungssteuerung und ihre Gestaltung nach betriebsspezifischen Gesichtspunkten**
Von Roland Gentner. ISBN 3-540-10992-7.
1981, 181 Seiten mit 69 Abbildungen und 7 Tabellen. — 48,— DM

54 **Entwicklung von Verfahren zur Terminplanung und -steuerung bei flexiblen Montagesystemen**
Von Jürgen H. Kölle. ISBN 3-540-11227-8.
1981, 132 Seiten mit 64 Abbildungen und 1 Faltplan. — 43,— DM

55 **Arbeits- und Kapazitätsteilung in der Montage**
Von Stefan Dittmayer. ISBN 3-540-11228-6.
1981, 124 Seiten und 56 Abbildungen. — 43,— DM

56 **Beitrag zur systematischen Planung der Qualitätsprüfung bei Klein- und Mittelserienfertigung**
Von Herbert Babic. ISBN 3-540-11325-8
1982, 108 Seiten mit 38 Abbildungen und 7 Tabellen. — 53,— DM

IPA-IAO Forschung und Praxis

Berichte aus dem Fraunhofer-Institut für Produktionstechnik und Automatisierung (IPA), Stuttgart, Fraunhofer-Institut für Arbeitswirtschaft und Organisation (IAO), Stuttgart, und Institut für Industrielle Fertigung und Fabrikbetrieb der Universität Stuttgart

Herausgeber: Prof. Dr.-Ing. H. J. Warnecke und Prof. Dr.-Ing. H.-J. Bullinger

Die Bände sind im Erscheinungsjahr und in den folgenden drei Kalenderjahren zu beziehen durch den örtlichen Buchhandel oder durch Lange & Springer, Otto-Suhr-Allee 26-28, 1000 Berlin 10.